형제가 함께 간

# 한국의 3대 트레킹

지리산둘레길 편

형제가 함께 간

# 한국의 3대 트레킹
## 지리산둘레길 편(큰글자도서)

초판인쇄 2023년 1월 31일
초판발행 2023년 1월 31일

지은이 최병욱 · 최병선
발행인 채종준
발행처 한국학술정보(주)

주소 경기도 파주시 회동길 230(문발동)
문의 ksibook13@kstudy.com
출판신고 2003년 9월 25일 제406-2003-000012호

ISBN 979-11-6983-070-6 03980

형제가 함께 간

# 한국의 3대 트레킹

지리산둘레길 편

최병욱 · 최병선 지음

    3개 도의 5개 시·군에 걸쳐있는 지리산은 우리나라에서 가장 큰 산으로 국립공원 제1호이며, 어머니 품속 같이 포근하고 후덕한 산이다. 정상인 천왕봉(1915m)에서 반야봉(1732m), 노고단(1502m), 만복대(1438m), 세걸산(1216m), 바래봉(1186m)으로 이어지는 48Km의 주능선을 지붕삼아, 치밭목능선, 두류능선, 성불능선, 백무능선, 삼신능선, 오공능선, 삼정능선, 불무장등능선, 왕시루능선, 차일능선 등, 수십계의 능선이 펼쳐져있고, 능선 아래로는 대원사계곡, 칠선계곡, 중산리계곡, 백무동계곡, 뱀사골계곡, 피아골계곡, 화엄사계곡, 백운계곡 등, 수많은 계곡이 발달되어 있다. 또 이 계곡을 따라서 무제치기폭포, 칠선폭포, **대륙폭포**, 천령폭포, 내림폭포, 첫나들이폭포, 단심폭포, 실비단폭포, **법천폭포**, 불일폭포, 수락폭포, 구룡폭포 등, 수많은 폭포가 절경을 자랑하고 있으며, 산 주위에 엄천강, 경호강, 덕천강, 섬진강, 연곡천, 서시천 등이 흐르고 있다.

지리산에는 아름다운 경치를 자랑하는 지리산 10경이 있다.

3대에 덕을 쌓아야 볼 수 있다는 **천왕봉 일출, 반야봉 낙조, 노고단**

운해, 피아골 단풍, 벽소령 명월, 세석철쭉, 불일폭포, 연하선경, 칠선계곡, 섬진강청류다.

태극종주, 화대종주 등 주능선종주를 비롯하여 여러 능선과 계곡을 연결하는 20여 개의 대표적인 등산로가 개발되어 있어서, 사시사철 아름다운 경치를 감상하고 등산을 즐기기 위하여 연간 수십만 명의 등산인과 관광객이 찾아들고 있다.

장엄한 지리산을 배경으로 화엄사, 쌍계사, 천은사, 실상사, 벽송사, 대원사, 법계사, 내원사, 연곡사, 칠불사, 도솔암, 불일암, 사성암, 묘향대 등 수 많은 사찰들이 있고, 이 사찰에서 무수한 스님들이 불법을 익혀 깨달음을 얻고 성불하기 위하여 수행 정진 중이다. 임진왜란과 정유재란 때는 많은 스님들이 승병으로 전선에 참여하여 나라를 구하는데 헌신하기도 했다.

지리산은 우리에게 풍성한 먹거리와 볼거리를 제공해준다.

지리산 흑돼지와 고사리, 목통마을의 토종꿀, 고로쇠수액, 두릅, 엄나무순, 삼화실의 취나물, 정금리의 녹차밭, 섬진강의 재첩, 은어, 하동의 매실, 배, 한우고기, 산동의 산수유, 악양면의 대봉감, 광의면의 단감, 시천면의 지리산 곶감, 산청의 약초 등 사시사철 풍성하다.

봄철에는 하동 매실마을의 매화축제, 쌍계사 벚꽃십리길, 서시천 벚꽃과 꽃복숭아길, 산동 산수유꽃축제, 바래봉 철쭉제, 여름철에는 계곡과 폭포의 절경, 가을철에는 피아골 단풍, 만복대 억새, 겨울철에는 노고단과 반야봉과 지리산 주능선의 설경 등이 압권이다.

지리산둘레길은 이 장엄한 지리산의 주위를 마을과 마을을 연결하는 옛길, 고갯길, 숲길, 강변길, 논둑길, 농로길, 마을길 등을 따라 걸으면서 아름다운 경치, 사람들이 살아가는 모습, 역사적인 발자취, 각 지방의 특색, 볼거리, 먹거리 등을 즐기면서 즐거움과 행복을 맛보는 길이다. 겨울철에는 12월 말경부터 다음해 2월 말까지 "동절기 정비기간"이라서, 이 기간 동안에는 숙소와 음식점들을 구하기가 어렵다. 봄의 갖가지 꽃들과 파릇파릇한 새싹들, 여름의 울창한 숲, 가을의 황금빛 들판,

풍성한 과일 등을 즐길 수 있는 좋은 계절을 선택하여 지리산과 함께 살아가는 사람들의 모습을 찾아보는 것도 좋을 듯하다.

　일생동안 단 한번 만이라도 지리산의 품속에 안겨, 충분한 시간을 가지고 천천히 걸으면서 상큼한 숲내음을 맡으며 솔향기, 참나무향기, 볼거리, 먹거리를 마음껏 즐기면서 지리산의 향기에 취해보기를 권해보며, 이 책이 조금이라도 걸음에 도움이 되었으면 한다.

2020년 12월

대건찬라산 허 병 옥

목차

머리말

지리산능선

    지리산둘레길은 지리산을 둘러싼 3개 도(전북, 경남, 전남), 5개 시군(남원, 함양, 산청, 하동, 구례)의 21개 읍면 120여 개 마을을 연결하는 295km의 장거리 도보길이다. 지리산 마을과 마을을 연결하는 옛길, 고갯길, 숲길, 강변길, 논둑길, 농로길, 마을길 등을 모아서 만들어진 도보길이다.

    사단법인 숲길(이사장 도법스님)이 2007년 전북 남원시 산내면 매동마을에서 경남 함양군 마천면 창원마을을 잇는 20Km의 시범구간 개통을 시작으로 2012년 5월 총 274Km의 전구간이 개통되었다.

2014~2018년 인월-금계, 금계-동강, 수철-성심원, 성심원-운리, 대축-원부춘의 순환코스를 포함한 총 295km, 22구간을 운영해오다가, 2019년~현재까지는 목아재-당재 구간을 제외한 총 285km, 21구간을 운영하고 있다.

**\* 각 구간별 거리, 시간, 난이도를 요약하면 표와 같다.**

| 구간 | 구간별 | 거리 [km] | 시간 [시:분] | 난이도 |
|---|---|---|---|---|
| 1 | 주천 – 운봉 | 14.7 | 6 : 00 | 중 |
| 2 | 운봉 – 인월 | 9.9 | 4 : 00 | 하 |
| 3 | 인월 – 금계 | 20.5 | 8 : 00 | 상 |
| 4 | 금계 – 동강 | 12.7 | 5 : 00 | 상 |
| 5 | 동강 – 수철 | 12.1 | 5 : 00 | 중 |
| 6 | 수철 – 성심원 | 15.9 | 6 : 00 | 중 |
| 7 | 성심원 – 운리 | 16.1 | 7 : 00 | 상 |

| 구간 | 구간별 | 거리<br>[km] | 시간<br>[시:분] | 난이도 |
|:---:|:---:|:---:|:---:|:---:|
| 8 | 운리 – 덕산 | 13.9 | 5 : 30 | 중 |
| 9 | 덕산 – 위태 | 9.7 | 4 : 00 | 중 |
| 10 | 위태 – 하동호 | 11.5 | 5 : 00 | 상 |
| 11 | 하동호 – 삼화실 | 9.4 | 4 : 00 | 하 |
| 12 | 삼화실 – 대축 | 16.7 | 7 : 00 | 상 |
| 13 | 하동읍 – 서당 | 7.0 | 2 : 30 | 중 |
| 14 | 대축 – 원부춘 | 11.5 | 6 : 30 | 상 |
| 15 | 원부춘 – 가탄 | 11.4 | 7 : 30 | 상 |
| 16 | 가탄 – 송정 | 10.6 | 6 : 00 | 상 |
| 17 | 송정 – 오미 | 10.4 | 5 : 00 | 중 |
| 18 | 오미 – 난동 | 18.9 | 7 : 00 | 하 |
| 19 | 오미 – 방광 | 12.3 | 5 : 00 | 중 |
| 20 | 방광 – 산동 | 13.0 | 5 : 00 | 중 |
| 21 | 산동 – 주천 | 15.9 | 7 : 00 | 상 |
| | 계 | 274.1 | 118 : 00 | |

## * 지리산둘레길 안내센터 연락처

1. 운영시간 : 오전 9시부터 ~ 18시까지, 월요일은 휴관이다.

2. 주천안내소 : 063-625-8952     남원센터 : 063-635-0850

   함양센터 :     055-964-8200     산청센터 : 055-974-0898

   중태안내소 : 055-973-9850     하동센터 : 055-884-0854

   삼화안내소 : 055-883-0858     구례센터 : 061-781-0850


## * 지리산둘레길을 걸을 때 참고사항

1. 편안한 옷차림으로 등산화나 트레킹화를 착용하고, 간단한 간식과 물통, 손수건, 지도, 안내책자 등을 지참한다.

2. 시간당 2.5Km 정도를 걷는 것으로 계획을 세우고, 천천히 걸으면서 자연과, 마을, 역사와 문화의 의미 등을 찾아본다.

3. 폭우, 폭설, 폭염 시, 야간에는 안전을 위해 걷지 말고, 둘레길을 제공해 준 마을주민들과 농장 주인들께 감사하며 농작물에 손대지 않는다.

4. 길을 걷다가 갈림길이 나오면 보조이정목, 바닥이정표, 리본이정
   표 등을 잘 살펴서 길을 잃지 않도록 한다.

5. 둘레길 안내센터에서 사단법인 숲길에서 제작한 '지리산둘레길
   스탬프 포켓북'을 구입하여 지정된 장소에서 스탬프를 찍어서 완
   주 후에 안내센터에 제시하면 지리산둘레길 순례증과 배지를 받
   을 수 있다.

# Jirisan Dulle-gil Trail Route Information

## 21 routes 274.1km

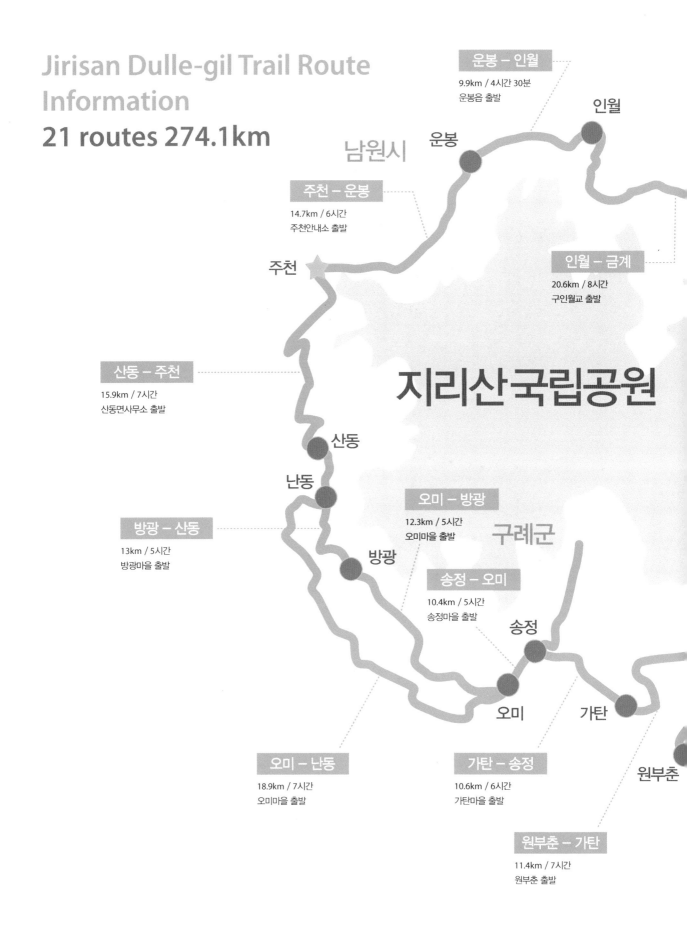

남원시

**운봉 – 인월**
9.9km / 4시간 30분
운봉읍 출발

운봉

인월

**주천 – 운봉**
14.7km / 6시간
주천안내소 출발

**인월 – 금계**
20.6km / 8시간
구인월교 출발

주천

**산동 – 주천**
15.9km / 7시간
산동면사무소 출발

지리산국립공원

산동

난동

**오미 – 방광**
12.3km / 5시간
오미마을 출발

구례군

**방광 – 산동**
13km / 5시간
방광마을 출발

방광

**송정 – 오미**
10.4km / 5시간
송정마을 출발

송정

**오미 – 난동**
18.9km / 7시간
오미마을 출발

오미

가탄

**가탄 – 송정**
10.6km / 6시간
가탄마을 출발

원부춘

**원부춘 – 가탄**
11.4km / 7시간
원부춘 출발

함양군

금계

동강

**동강 – 수철**
12.1km / 5시간
동강마을 출발

수철

**수철 – 성심원**
15.9km / 6시간
수철마을 출발

**금계 – 동강**
12.7km / 5시간
금계마을 출발

성심원

**성심원 – 운리**
16.1km / 7시간
성심원 출발

산청군

운리

**운리 – 덕산**
13.9km / 5시간 30분
운리마을 출발

덕산

위태

**덕산 – 위태**
9.7km / 4시간
덕산 출발

**대축 – 원부춘**
11.5km / 6시간 30분
최참판댁 출발

**위태 – 하동호**
11.5km / 5시간
위태(상촌) 출발

하동호

**삼화실 – 대축**
16.7km / 7시간
삼화실 출발

대축

서당

삼화실

**하동호 – 삼화실**
9.4km / 4시간
하동호 출발

하동군

**하동읍 – 서당**
7km / 2시간 30분
하동읍 출발

하동읍

⭐ 시작점과 종착점

— 둘레길 경로

00 주요 코스

# 주천 → 운봉

솔향기에 취해 구룡치를 넘어 운봉고원으로

거리(km)
14.7

시간(시, 분)
6:00

도보여행일: 2020년 06월 27일

Jirisan Dulle-gil
Route
01

운봉읍

남원양묘장

행정마을

가장마을

노치마을

회덕마을

내송마을

개미정지

구룡치

주천안내소

★ 꼭 들러야 할 필수 코스!

인월

운봉

남원시

주천

| 1.1K 0:20 | | 0.3K 0:20 |
|---|---|---|
| ★ 주천안내소 | 내송마을 | 개미정지 |

| 1.2K 0:25 | 2.4K 1:00 | 2.2K 1:20 |
|---|---|---|
| 노치마을 | 회덕마을 | 구룡치 |

2.2K 1:05

| 2.2K 0:40 | 1.7K 0:40 | 1.4K 0:10 |
|---|---|---|
| 가장마을 | 행정마을 | 남원양묘장 | ★ 운봉읍 |

# 지리산둘레길 1구간 (주천~운봉)

## 솔향기에 취해 구룡치를 넘어 운봉고원으로

개미정지에서 구룡치로 오르는 숲길

주천-운봉 구간은 내송마을에서 회덕마을까지 소나무 숲길로 잘 정비된 옛길을 걸으면서 구룡치를 넘고, 정령치-고리봉-바래봉으로 연결되는 지리산 서북 능선을 조망하면서 운봉고원의 너른 들을 걷는 구간이다.

주천안내소

외평마을의 주천-운봉구간 시작점

남원주천안내센터 앞에서 출발 기념 인증샷을 찍고, 이정표가 있는 곳에서 출발하여 하천 징검다리를 건너 지리산둘레권역 홍보관 앞으로 갔다. 외평마을의 다원 팬션촌의 집들이 너무 예쁘고 울타리에 송엽국이 지천으로 피어서 무척 아름다웠다.

쉼터국수집 앞 지리산둘레길 안내판

개미정지, 개미조형물과 스탬프함이 보인다

둘레길 쉼터국수집 앞 안내판에서 '본 구간은 해발 600m의 운봉고원을 향해 오르는 구간'이라는 설명을 읽고 내송마을로 들어섰다. 고추밭에는 고추들이 주렁주렁 달려있고, 참깨꽃이 활짝 피었으며, 보라색 도라지꽃도 예쁘게 피었다. 꽃에 취해 사진을 찍으면서 오르자 개미정지 서어나무 쉼터에 도착했다. 개미정지는 '왜구의 침입을 대비하다 여기서 잠이 든 의병장 조경남의 발을 개미들이 물어뜯어 위급함을 알렸다'하여 붙여진 이름이라고 한다. 큰 서어나무 사이에 개미조형물과 1구간 스탬프가 있었다. 인월센터에서 지리산둘레길 스탬프포켓북을 사서 1구간 스탬프를 찍었다.

소나무 숲길로 잘 정비된 길을 솔향기를 맡으며 오르자 중재에 도착했다. 가쁜 숨을 몰아쉬며 잠시 쉬었다가 계속 오르자 구룡치에 도착했다. 구룡치를 사진에 담으려는데 한 길손이 개를 동반하고 고개마루에 서서 비켜주지를 않았다. 한참을 기다려서 결국 사진을 찍고, 고개를 넘어 내려오다 용소나무(사랑소나무)를 만났다.

안내판에 '두 소나무가 서로 접목된 이 연리지 나무는 일심동체로 남여 이성간의 화목은 물론 깊은 애정도 그려주고 있으며, 또한 비상하려는 용의 형상을 지니고 있어서 이 명품 용소나무를 배경으로 사진을 남기거나 소원을 빌면 모든 이들의 행운과 건강이 오래도록 이어진다'고 적혀 있었다.

구룡치

사랑소나무

정자나무쉼터

구룡폭포 순환코스 갈림길의 정자나무쉼터에 도착했다. 수령이 200
년이 넘는 큰 느티나무 아래에 위치한 비닐하우스를 개조하여 만든 음
식점으로 도보꾼들에게 비빔국수, 파전, 도토리묵 등을 제공한다. 비빔
국수, 콩국수, 파전을 시켜 점심식사를 했다. 상추와 깻잎을 넣어 고추
장으로 비벼준 비빔국수는 투박하면서도 맛깔났고, 파전도 시골냄새가
물씬나서 너무 행복했다.

회덕마을 앞 도로를 따라 걷다보면 왼쪽으로 초가집 두채가 보인다. 억새를 이용하여 지붕을 만든 억새집으로 전에는 들러서 구경하였으나 지금은 주변에 팬션이 생겨서 길을 막았다. 구경할 수 없어서 안타까웠다.

회덕마을을 지나고 도로와 마을길 삼거리에 묘지 울타리용으로 소나무 여덟 그루가 둥근 원 형태로 심어진 곳을 지나 도랑 옆 농로를 따라 걸으며 오른쪽을 멀리 바라보니 만복대에서 바래봉으로 이어지는 지리산 서북능선이 장쾌했다. 백두대간길을 따라 걸으면서 노치마을에 도착했다. 노치마을은 고리봉에서 수정봉으로 이어지는 백두대간 위에 있어, 비가 내려 빗물이 왼쪽으로 흐르면 섬진강이 되고 오른쪽으로

노치마을에서 바라본 지리산 서북능선과 고기리

노치마을 마을회관

흐르면 낙동강이 되는 마을이다. 백두대간이 관통하는 마을로 높은 산줄기가 갈대로 덮여 있어 갈재라고도 한다. 이 마을에는 마르지 않는 노치샘과 일제때 일본이 우리 민족정기를 말살하기 위하여 백두대간의 지맥을 끊기 위하여 노치마을 앞 들에 방죽을 파서 설치했다는 목 돌(목 조임석)이 있었다. 노치마을 앞들은 덕음산에서 고리봉으로 연결되는 백두대간으로, 사람의 목에 해당되는 지점으로 이곳에 목돌을 설치하여 우리 민족의 숨통을 조이려고 했다는 것이다. 앞으로는 절대로 나라를 잃어 버리는 일은 없어야겠다는 마음을 다지며 다시 길을 나섰다.

덕산저수지를 돌아 길 옆의 독립가옥을 지나서 산 언덕으로 올라갔다. 산 언덕에서 운봉들판을 바라보니 경치가 너무 아름다웠다. 고리봉에서 바래봉으로 이어지는 능선이 바로 눈앞에 있었다. 오씨문중묘원에 도착하니 심수정이라는 정자가 있었고, 무인매점 앞의 으름덩쿨이 장관이었다. 심수정에서 바라보는 덕산저수지 풍경이 무척 아름다웠다. 가장마을 선유정을 지나고 덕산마을 버스정류장을 지나서 하천둑길을 따라 걸으며 행정마을에 도착했다. 향림정 정자와 오래된 느티나무가 행정마을 비석과 함께 있었다. 벚나무길로 조성된 하천둑길을 따라 걸어서 행정마을 서어나무숲에 도착했다.

덕산저수지 언덕에서 바라본 운봉들판          동복오씨가족묘원

덕산마을 버스정류장          행정마을 향림정

　　남원시 운봉읍 행정마을에 위치한 서어나무숲은 행정마을 주민들이 마을의 허한 기운을 막기위해 180여년 전 조성한 인공숲으로 마을을 지켜주는 비보림이다. 산림청으로부터 2000년에 '제1회 아름다운 마을숲'으로 선정되었고, 2019년에는 국가산림문화자산'으로 지정되었다. 서어나무숲에 들어가서 흰색으로 쭉쭉 뻗어있는 나무들을 바라보며 숲을 한 바퀴 돌아나오니 마치 강원도 양양의 자작나무숲처럼 신비스러운 풍광을 자아냈다.

행정마을 서어나무숲

벚나무가 울창한 하천둑길을 따라 걸으며 흐드러지게 핀 야생화를 감상하면서 남원양묘사업소에 도착했다. 구상나무, 잣나무묘목 등을 감상하면서 운봉시외버스 터미널에 도착하여 1구간 트레킹을 마무리했다.

운봉개인택시를 이용하여 남원주천안내센터에 도착한 다음, 인월의 해비치모텔에 투숙하여 여장을 풀고, 산골농장식당에서 지리산 흑돼지

항정살로 저녁식사를 했는데 맛도 좋고 푸짐했다. 식당 안은 등산객들로 북적거렸고, 온통 지리산 산행 이야기들로 웃음꽃을 피웠다.

행정리 하천둑길

남원양묘사업소

운봉시외버스터미널

JIRISAN
DULLE-GIL TRAIL ROUTE
**02**

# 운봉 → 인월

동편제 창시자 송흥록 생가와 국악의 성지를 찾아서

거리(km)
9.9

시간(시, 분)
4:30

도보여행일: 2020년 06월 28일

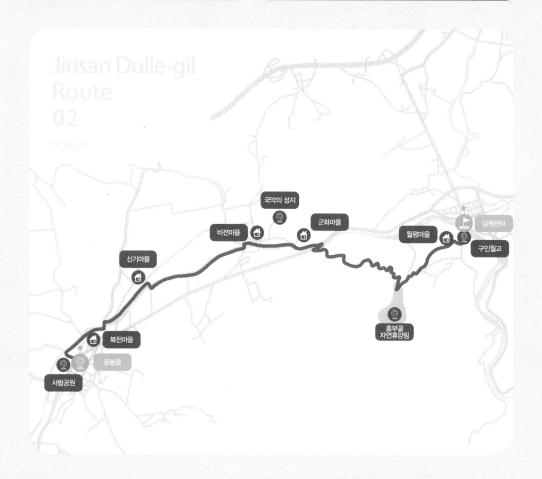

★ 꼭 들러야 할 필수 코스!

남원시    운봉    인월

주천

| 0.8K | 0.2K |
| 0:10 | 0:10 |

운봉읍        서림공원        북천마을

| 0.4K | 0.4K | 2.0K | 1.1K |
| 1:10 | 0:20 | 0:30 | 0:20 |

군화마을    국악의 성지    비전마을    신기마을

| 2.9K | 1.5K | 0.2K | 0.4K |
| 1:05 | 0:30 | 0:05 | 0:10 |

흥부골
자연휴양림    월평마을    구인월교    남원센터

# 지리산둘레길 2구간 (운봉~인월)
## 동편제 창시자 송흥록 생가와 국악의 성지를 찾아서

국악의 성지, 악성사

지리산기사님식당

인월면의 지리산기사님식당에서 가정식백반으로 아침식사를 하고, 택시를 이용하여 운봉시외버스터미널에 도착했다. 운봉읍내를 걸으면서 운봉초등학교를 지나는데 텃밭에 호박꽃이 예쁘게 피었고 오이가 주렁주렁 달렸다. 설레는 마음으로 사진을 찍고 서림공원에 도착하니 초입에 마을을 지키는 수호신으로 방어대장군, 진서대장군이라는 한쌍의 석장승이 있었다. 공원 가운데에는 6.25전쟁 당시 이현상의 빨치산부대와 맞서 싸우면서 운봉읍을 끝까지 사수한 호국영령들을 기리는 충혼탑이 세워져 있었고, 운봉읍 주민들이 제65회 현충일을 맞이하여

서림공원, 운봉-인월 구간 시작점          서림공원

추모행사를 한 현수막이 걸려있었다. 서림정 앞에서 2구간 스탬프를 찍고, 벚나무숲으로 잘 조성된 람천 천변길을 따라 걸었다.

이 람천은 인월, 산청을 지나서 낙동강으로 흐른다. 철쭉이 활짝 피었던 시절에 올랐던 바래봉 능선을 바라보며 운봉의 넓은 들판을 감상하면서 개망초꽃들이 만개한 천변길을 걸으니 마음속의 온갖 걱정이 다 날아가 버렸다. 머리가 맑아지고 가슴이 시원해졌다. 신기교를 건넜다.

람천 천변길          사반교에서 바라본 람천

아직도 벚나무에 버찌가 까맣게 달려있었다. 3Km가 넘는 람천 천변길을 아름다운 풍경을 즐기면서 걸으며 신기마을, 사반교, 전촌 마을을 지나 비전마을의 황산대첩비지에 도착했다.

황산대첩비지는 고려말 이성계가 적장 아지발도가 이끄는 왜구와 싸워 대승을 거둔 전투를 기념하기 위하여 조선 선조때 세운 비석이 있는 호국성지다. 원본은 일제강점기 때 조선총독부에 의하여 비문과 비신이 파괴되었는데, 현재 파비각을 세워 이들을 안치해 놓았다. 우리 민족의 정기를 말살하기 위한 일본인들의 만행은 지리산 곳곳에 널려있었다. 황산대첩기념비, 대첩비각, 파비각, 사적비각을 둘러보고, 동편제 마을로 이동했다.

황산대첩비지

송흥록생가

운봉은 판소리 다섯마당 중 춘향가와 흥부가의 무대이자, 동편제의 창시자 가왕 송흥록을 비롯하여 송광록, 송우용, 송만갑, 박초월 등 수많은 명창들을 배출한 곳이다. 남원시에서는 비전마을을 국악의 보존 및 발전을 위하여 '국악의 성지'로 조성하였고, 남원, 구례 등에서 전승된 한국의 판소리인 동편제 창시자 가왕 송흥록이 태어난 곳이자 국창 박초월 명창이 살았던 이곳 '남원시 운봉읍 화수리 비전마을'을 '가왕 송흥록 생가'로 조성하여 관리하고 있었다. 가왕 송흥록 소리정원에 들어서니 송흥록 가왕이 마당 한가운데 서서 판소리 한자락을 신명나게 들려주는 것 같았다. 가왕 송흥록은 조선 전기 8명창 중 한사람으로 판소리 동편제의 창시자다. 모든 가사를 집대성하여 계면조, 진양조를 완성하였고, 메나리조를 도입하여 판소리를 오늘의 민족음악으로 발전시킨 사람이다. 박초월은 1916년에 출생하여 송만갑, 김정문의 지도로 춘향가, 심청가, 수중가를 전수받아 1967년 중요무형문화재 제5호로 지정된 국창이다. 송흥록 생가를 둘러보고 국악의 성지로 가는데, 초입에

'이난초 명창, 국가무형문화재 제5호 판소리 흥부가 보유자 인정'이라는 현수막이 붙어있었다.

국악의 성지, 송흥록의 묘

한 분야의 정상에 오른다는 것! 무엇을 깊이 안다는 것! 나는 40년을 산에 올랐어도 지금도 산에 가려면 산이 두렵고 가슴이 설레는데…. 6년간 매일 108배를 하여 20만배 정도하니 이제 겨우 절하는 자세라도 조금 알 것 같은데…. 당대 국악의 정점을 찍고 이곳에 잠드니 얼마나 영광이겠는가! 왜 웃어른들이 '한 우물을 파라.'고 하시는지 조금은 이해를 할 것도 같다.

국악의 성지는 가로등도 거문고, 태평소 등 국악기 모양이어서 매우 인상적이었다. 당대를 풍미했던 판소리 동편제 명창들을 모신 사당으로 맨 위 단에 악성 옥보고, 둘째 단에 가왕 송흥록, 셋째 단에 송광록, 송우용, 송만갑의 묘가 있었고 그 아랫단에 납골당이 있었다. 송광록은 송흥록의 동생, 송광록의 아들 송우용, 송우용의 아들이 송만갑이다. 고즈넉하고 햇살이 포근하게 비치는 명당에 위치한 '국악의 성지'에서 운봉고원을 내려다보니 탁 트인 시야로 들어오는 지리산자락의 마을들이 매우 아름다웠다.

군화마을을 지나서 '나무대각세존석가모니불'을 구경하고 24번국도를 가로질러 화수교를 건너 GNKC 리조트에 도착했다. 한 때는 이 지역의 랜드마크였는데 지금은 운영하지 않아 폐가처럼 흉물스러웠다. 옥계저수지 둑 중간으로 난 길을 따라 오르다가 리조트 부근의 양봉농가와 군화마을을 배경으로 사진을 찍고 옥계저수지로 올라갔다.

군화마을

GNKC 리조트 옆 양봉농가

은행나무 조성길

산양산삼인 지리산 동자삼 재배지를 지나서 흥부골자연휴양림으로
넘어가는데, 산판도로변 양 옆으로 은행나무들을 줄지어 심어놓았다.
크게 자란 은행나무를 옮겨 심어놓은 것으로 봐서, 2구간의 옥계저수지
에서 흥부골자연휴양림까지를 은행나무숲길로 조성할 것 같았다. 흥부
골자연휴양림을 구경하고 인월로 내려가는데 무인쉼터를 예쁘게 꾸며
놓았다.

흥부골자연휴양림

무인쉼터

아름다운 소나무숲길을 내려와서 월평마을에 도착하니 마을 전체를 민박촌으로 아름답게 단장해 놓았고, 오미자 밭에는 오미자가 주렁주렁 달려있었다. 구인월교에서 2구간을 마무리하고, 지리산둘레길 인월센터를 방문하여 지리산둘레길 전반에 관한 사항을 문의한 다음 흥부골 남원추어탕에서 추어탕과 추어군만두로 점심식사를 했다.

월평마을 민박안내도

지리산둘레길 인월센터

# 인월 → 금계

지리산둘레길의 첫 싹이 움튼 등구재를 넘어서

거리(km)
20.6

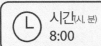
시간(시, 분)
8:00

도보여행일: 2020년 07월 04일

# ★ 꼭 들러야 할 필수 코스!

함양군

운봉　인월　동강　금계

★ 구인월교 ─ 2.1K 0:45 ─ 중군마을 ─ 1.0K 0:35 ─ 선화사

서진암 ─ 2.5K 0:50 ─ 장항마을 ─ 1.1K 0:25 ─ 배너미재 ─ 0.8K 0:25 ─ 수성대

선화사 2.0K 0:50 수성대

상황마을 ─ 1.0K 0:30 ─ 등구재 ─ 3.5K 1:05 ─ 창원마을 ─ 3.1K 1:05 ─ ★ 금계마을

서진암 3.5K 1:30 상황마을

## JIRISAN
#### DULLE-GIL TRAIL ROUTE
## 03

# 지리산둘레길 3구간 (인월~금계)
### 지리산둘레길의 첫 싹이 움튼 등구재를 넘어서

일성콘도와 장항마을

구인월교, 인월–금계구간 시작점

지리산 북부지역의 산촌마을을 지나는 구간으로 제방길, 농로, 임도, 숲길 등이 전구간에 골고루 어울려 있는 20.6Km의 긴 코스다.

구인월교 앞 지리산둘레길 3코스 표지판에서 인증샷을 찍고, 제방길을 따라 중군마을 쪽으로 향했다. 노인요양시설인 경애원까지 이어지는 벚나무 가로수길인 '달 벚꽃길'이 너무나 아름다웠다. 벚꽃이 활짝 피는 봄에 이 길을 걸으면 환상적일 것 같았다. 경애원근처 펜션의 포도나무에 포도가 주렁주렁 열렸고, 석류나무꽃이 예쁘게 피었다. 달려가서 사진을 찍고 즐기다보니 중군마을에 이르렀다.

'달 벚꽃길'

경애원과 제방길

중군마을

　중군마을은 삼한시대부터 지리산을 경계로 진한과 변한의 국경지역에 위치한 군사상 요충지로 고려시대 군편성 조직인 오군 중 중군이 주둔한 곳이라고 하여 중군마을로 불리게 되었다고 한다. 마을 담벼락에 '새참을 머리에 이고 온 아낙네와 느티나무 아래에서 잠시 일손을 놓고

중군마을의 더덕밭 　　　　　　　　　　너와집

막걸리 한잔 마시며 도란도란 이야기를 나누는 농부들의 정겨운 모습'
의 소박한 농촌풍경을 그린 벽화가 눈길을 사로잡았다. 마을을 지나니
더덕밭에는 더덕넝쿨들이 불쑥불쑥 무성하게 자라서 마치 제주 오름을
보는 것 같았고, 석류나무에는 붉은 석류꽃이 선명하게 피어 보는 즐거
움을 더해 주었다. 너와집을 구경하면서 임도와 산길의 갈림길에 도착
하여 선화사 쪽 산길로 접어들었다.

　선화사에는 스님의 아침 예불 소리만 고요하게 들렸다. 대웅전 계단
옆에 노란 백합꽃이 탐스럽게 피었고 돌수반에는 수련이 한 폭의 그림
처럼 피었다. 절구경을 마치고 절초입으로 되돌아 내려와 등산로를 찾아
숲을 헤치고 나가니 다시 절이 나타났다. 절 울타리로 길이 잘 나 있는데
이정표를 멀리 돌려놓았다. 아마도 절에서 수행하는데 시끄러우니 돌아
가라는 듯... 부처님께서는 깨달음을 얻어서 중생을 구제하라고 하셨는
데, 왜 선화사 스님은 중생을 자꾸만 멀리하는지 이해가 잘 되질 않았다.

선화사

수성대를 지나고 배너미재를 넘어서 장항마을 입구의 당산소나무에 도착했다. 일성콘도와 장항마을의 풍경이 매우 아름다웠다. 이곳에서 3구간 첫 번째 스탬프를 찍고 장항마을로 내려가 리송차이나 중식점에서 간짜장과 짬뽕으로 점심식사를 했다.

수성대

수성대 지나서 숲길

배너미재

당산소나무

서진암 방향으로 오르는 가파른 오르막길은 숨이 턱턱 막혔다. 장항
마을에서 서진암 입구까지는 가로수로 앵두나무를 심어놓았다. 앵두나
무로 조성된 길에는 때늦은 앵두가 아직도 몇 개씩 달려있었다. 매동마
을을 지나는데 길옆에 가족묘가 잘 조성되어 있었다. 한쪽은 잔디장, 또
한쪽은 분묘다. 1970년대만 해도 우리나라는 대부분 매장문화였다. 그
래서 봉분을 크게 하고 석물을 많이 설치하면 부의 상징이고 조상을 잘
모시는 효의 상징으로 온 산이 묘 투성이였다. 점차로 화장문화로 바뀌
더니 한때는 납골당, 수목장으로 바뀌고 요즘은 잔디장이 대세인 것 같
다. 좁은 국토에서 자연경관을 아릅답게 유지하려면 죽은사람보다 산사
람 위주로 장례문화가 정착되는 것이 바람직하지 않을까? 하는 생각을
해봤다. 중황마을쉼터에서 잠시 쉬면서 맥주 한 캔을 사서 마셨다. 쉼터
는 도보꾼들을 위해서 간단한 음료와 간식을 무인판매하고 있었고 가
격도 무척 저렴했다. 돈이 없으면 그냥 먹으란다. 인심도 후했다.

매동마을의 가족묘

중황마을쉼터

상황마을 전망대의 오리들 　　　　　　등구재에서 바라본 상황마을과 중황마을

　　중황마을에서 상황마을로 가는 길에는 펜션들이 많았다. 모두들 정원을 너무도 예쁘게 꾸며 놓았다. 정원마다 갖가지 꽃들이 피어있었다. 송엽국, 백일홍, 해배라기, 다알리아, 방풍나물, 블루베리, 사과, 석류, 호두 등등. 사진 찍느라 시간가는 줄도 몰랐다. 지리산 황토팬션 '사계절 여행'을 지나 상황마을 전망대에 도착 했다. 전망대에서 바라보는 상황마을과 중황마을의 경치가 압권이었고, 연못속에서 목욕을 하고 있는 오리들의 모습이 재미있었다. 한 놈은 머리를 거꾸로 처박고 다이빙을 하듯 물놀이를 하고 있었다. 가로수로 보리수를 심어놓은 보리수나무길을 따라 걸으면서 등구령쉼터를 지나 지리산둘레길의 첫 싹이 움튼 곳인 등구재에 도착했다. 경남 함양군 마천면 창원마을과 전북 남원시 산내면 상황마을을 연결하는 옛 고갯길이다. 등구재 오름길에서 상황마을과 중황마을을 바라본 경치가 너무 아름다웠다.

창원마을당산

등구재를 넘어 창원마을까지는 무궁화나무길로 조성해 놓았다. 창원마을은 조선시대 마천면 일대 물품들을 보관하던 창고가 있던 곳이라하여 창원마을이라고 불리게 되었다. 마을 어귀에는 수령이 300여년이 된 느티나무 두 그루가 서 있었다. 창원마을 당산나무에서 3구간 두 번째 스탬프를 찍고 금계마을로 내려갔다. 창원마을에서 소나무 숲길로 또다시 고개를 하나 넘어 금계마을로 들어서는데 도로변에 참옻나무가 많았다. 동네 아주머니가 천도복숭아를 따 주시기에 고맙게 받아들고 금계 마을주차장에 도착했다.

금계마을 전경

인월개인택시를 이용하여 해비
치모텔에 도착한 다음 '산골농장식
당'에서 지리산 흑돼지 항정살로 저
녁식사를 했다. 맥주와 곁들여서 한
잔하니 오늘따라 유난히도 고기 맛
이 일품 이었다. 몸은 피곤했지만 기
분만은 상쾌한 하루였다.

산골농장식당의 항정살

# JIRISAN
## DULLE-GIL TRAIL ROUTE
### 04

# 금계 → 동강

한국 선불교 최고의 종가 벽송사를 찾아서

| 🏃 거리(km)<br>12.7 | 🕐 시간(시, 분)<br>5:00 | 📅 도보여행일: 2020년 07월 05일 |
|---|---|---|

★ 꼭 들러야 할 필수 코스!

함양군

인월

동강

금계

수철

★
0.7K
0:30

1.7K
0:50

금계마을

의중마을

서암정사

0.4K
0:10

2.3K
0:40

2.8K
1:00

세동마을

용유담

벽송사

3.3K
1:00

0.7K
0:20

0.8K
0:30

★

운서마을

구시락재

동강마을

# 지리산둘레길 4구간 (금계~동강)
## 한국 선불교 최고의 종가 벽송사를 찾아서

벽송사

경상남도 함양군 마천면 금계마을, 의평마을, 의중마을, 모전마을, 세동마을, 휴천면의 동강마을을 연결하는 12.7Km의 지리산둘레길로 지리산 자락 깊숙이 들어온 산촌마을과 한국 선불교 최고의 종가 벽송사를 거쳐 숲길과 등구재, 법화산 자락을 바라보며 엄천강을 따라 걷는 구간이다.

금계마을의 지리산둘레길 함양센터 주차장에서 의탄교와 의평마을을 바라보니 경치가 너무 아름다웠다. 날씨가 맑으면 의평마을 뒤로 지리산 천왕봉이 웅장하게 보이련만 구름이 끼어서 정상은 보이지 않았다.

의탄교와 의평마을

　의탄교를 건너 의중마을로 오르는 계단에서 바라본 금계마을의 풍경은 마치 스위스의 한 마을을 보는 듯했다. 앞산에는 산의 절반을 깎아서 불상을 조성하고 있었는데, 2년 전과 별차이 없이 아직도 진행중 이었다. 의중마을 당산나무에 도착하니 800여년된 느티나무가 있었다. 제4구간 스탬프를 찍고 서암정사 방향으로 숲길을 오리기 시작했다. 의중마을에서 서암정사로 가는 숲길은 너무 아름답고 숲향기도 상쾌해서 몸과 마음이 치유되는 느낌이었다. 우측으로 보이는 추성리는 지리산 천왕봉 바로 아래에 있는 마을이다. 지리산의 칠선계곡은 설악산의 천불동계곡, 한라산의 탐라계곡과 함께 한국의 3대 계곡으로 손꼽힌다.

칠선계곡은 지리산 원시림에 7개의 폭포와 33개의 소로 이어지는 추성
리에서 천왕봉에 이르는 14Km 정도의 계곡이다.

의중마을에서 바라본 불상조성지

의중마을 당산나무

의중마을전경

물길지리안내도

　　서암정사에 도착했다. 서암정사는 원응스님께서 6.25 한국전쟁의
참화로 희생된 무수한 원혼들의 상처를 달래주기 위하여 1989년에 만
든 석굴법당이다. 1989년부터 10년간의 불사를 통하여 석굴법당, 대웅
전, 사경전시관, 사천왕문, 비로전, 산신각, 용왕단, 공양간 등 오늘날의

서암정사(석굴법당)

서암정사(산신각)

서암정사(비로전)

모습을 갖추게 되었다고 한다. 사천왕상의 바위석굴을 지나서 대웅전에
도착하니, 황목련 나무에 희귀한 열매가 달려있었다. 아침예불시간이라
대웅전과 석굴법당에서 스님께서 불공을 드리고 있었다. 조용히 석굴
법당에 들어가 석벽에 조성된 아미타불, 지장보살, 미타회상의 불보살

조각상을 감상했다. 밖으로 나와 용왕단을 구경하고 산신각과 비로전에 도착했는데, 비로전에 비로자나부처님과 문수보살, 보현보살, 선재동자를 조각해 놓은 상이 압권이었다. 서암정사의 구석구석을 모두 둘러본 다음 벽송사로 향했다.

벽송사는 한국 선불교 최고의 종가로서, 조선 중종 시대인 1520년에 벽송지엄선사에 의해 창건되어 서산대사와 사명대사가 수행하여 도를 깨달은 유서깊은 사찰이다. 사찰 경내는 모든 스님들이 수행중이라서 고요하고 적막했다. 관광객을 유치하는 절이 아니고 스님들이 수행하는 절이다. 지리산 천왕봉이 정면으로 보이는 고요한 이 곳에서 오직 깨달음을 얻기 위해 많은 스님들이 정진 중이다. 수행에 방해가 되지 않도록 발자국 소리를 죽여가며 뒷뜰로 올라가 삼층석탑, 도인송, 미인송을 구경했다. 미인송은 곧게 잘 자라서 아름다운데, 도인송은 쓰러지지 않고 계속 자라는 것이 신기했다. 원통전과 산신각에서 마음속으로 참배를 하고

벽송사 미인송

벽송사 도인송

벽송사 목장승

경내를 둘러본 다음 입구의 벽송사 목장승을 구경했다. 왼쪽은 '금호장군', 오른쪽은 '호법대신'으로 무서운 것 같으면서도 순박하고 익살스러웠다.

벽송사를 지나 용유담으로 가기 위해 뒷산을 오르기 시작했는데, 주변이 온통 노각나무 군락지였다. 노각나무는 나무결이 단단해서 고급가구를 만드는데 사용된다고 한다. 벽송사에서 용유담에 이르는 숲길은 소나무와 참나무가 어우러진 숲길로 너무 아름다워 몸과 마음이 치유되는 것 같았다. 용유교에 도착해서 용유담을 내려다보았다. 엄천강 상류에 있는 용유담은 지리산의 아름다운 계곡들에서 흘러내린 맑은 물이 합류되는 곳으로 화강암으로 된 기암괴석, 서편의 벼랑절경, 청아한 물빛, 물에 비친 산 그림자, 반석위의 모래가 황홀한 풍경을 연출했다.

용유담

용유담은 아홉 마리 용이 살았다는 전설과 마적도사와 당나귀에 관한 전설이 전해 내려오는 계곡이기도 하다. 엄천강은 남강으로 흘러 낙동강으로 흘러간다.

용유담을 출발하여 모전마을을 지나고, 전설탐방로를 거쳐 도로를 따라 걸으며 송전산촌생태마을, 세동마을 효자각을 지나 송문교에 도착했다. 송전마을과 세동마을의 집들이 너무 아름다웠다. 정원에는 갖가지 꽃들이 피어있었고 석류나무에는 석류가 주렁주렁 달려있었다.

모전마을

세동마을 효자각

새우섬

운서마을

동강마을 느티나무         동강마을전경

송문교에서 운서마을을 지나 구시락재로 이어지는 구간은 가로수로 살구나무를 심어놓았다. 몇 개씩 남아있는 살구를 스틱을 던져서 따서 먹어보았더니 무지하게 시큼해 정신이 번쩍 들었다. 새우섬을 구경하고 구시락재를 넘어 동강마을에 도착했다. 동강마을을 내려오는데, 한 팬션 울타리에 능소화가 흐드러지게 피었다. 살구나무에 살구도 탐스럽게 달렸다. 장관이었다. 동강마을의 동강횟집 앞에서 제4구간의 트레킹을 마무리했다.

화계개인택시를 이용하여 출발 지점인 금계마을로 이동하여 승용 차를 타고 함양터미널 부근의 '미성 손맛'에서 저녁식사를 했다. 주인아 주머니의 훈훈한 마음 때문에 한결 음식 맛이 좋았다.

'미성손맛'의 흑돼지생삼겹

황목련

복숭아

살구

호두

블루베리

보리수

석류꽃

도라지꽃

능소화

호박꽃

자귀나무꽃

삿갓나물꽃

# 동강 → 수철

한국전쟁 비극의 현장인 산청 · 함양사건 추모공원을 둘러보며

🏃 거리(km)
12.1

🕐 시간(시, 분)
5:00

📋 도보여행일: 2020년 07월 12일

# ★ 꼭 들러야 할 필수 코스!

함양군

동강

금계

수철

성심원

| | 1.2K 0:25 | | 1.5K 0:35 | |
|---|---|---|---|---|
| ★ 동강마을 | 자혜교 | | 산청함양사건 추모공원 | |

| | 0.9K 0:20 | | 1.7K 0:50 | 1.8K 1:00 |
|---|---|---|---|---|
| 산불감시초소 | 쌍재 | | 상사폭포 | |

| 1.4K 0:40 | 3.6K 1:10 | |
|---|---|---|
| 고동재 | ★ 수철마을 | |

JIRISAN
DULLE-GIL TRAIL ROUTE
05

# 지리산둘레길 5구간 (동강~수철)

## 한국전쟁 비극의 현장인 산청 · 함양사건 추모공원을 둘러보며

산청 · 함양사건 추모공원

동강마을을 출발해 산청 · 함양사건 추모공원에서 6.25 한국전쟁 중 희생된 양민들의 영혼을 추모하고, 아름다운 계곡을 따라 산행하면서 상사폭포를 감상하고, 쌍재와 고동재를 넘어 수철마을에 이르는 구간이다.

산청의 산청군 청소년수련관 주차장에 주차하고 산청개인택시를 이용하여 동강 마을로 이동했다. 동강마을로 가던 도중 '산청 왕산 구형왕릉'에 들렀다. '가락국(금관가야) 10대 양왕릉(구형왕릉)'은 국가사적 제214호로 가락국의 마지막 왕인 구형왕의 능이다. 전쟁의 피해로부터 백성을 보호하기 위하여 신라에 나라를 선양 하였다고하여 '돌무덤으로 장례를 치르라'는 유언에 따라 축조된 우리나라에서 유일한 피라미드형 돌무덤이다.

구형왕릉

산청에서 동강마을까지의 택시비는 23,000원 정도인데 구형왕릉을 다녀오느라 미터요금이 27,500원이 나왔다. 구형왕릉은 서비스로 할 테니 23,000원만 달라고 하신다. 10여분 가량 대기하고 요금도 4,500원이

동강마을

나 초과했는데 깎아 주시다니… 아침 일찍이라서 30,000원을 드렸더니 고맙다고 연신 인사를 하신다. 차에서 내리니 비가 온다고 우산도 하나 꺼내주신다. 참으로 인심 좋고 고마우신 기사님이다. 아침부터 마음이

훈훈하고 좋았다.

  부슬부슬 내리는 비를 맞으며 우산을 쓰고 상쾌한 아침공기를 마시
며 마을길을 따라 걸었다. 설악초와 호박꽃이 아름답게 핀 동강마을을
지나 자혜교와 점촌마을을 거쳐 산청·함양사건 추모공원에 도착했다.

산청함양사건추모공원

  6.25 한국전쟁 중이던 1951년 2월 7일, 지리산일대의 공비토벌작전
중 육군은 '견벽청야'라는 작전명에 따라 산청군과 함양군 부근의 4개 마
을(가현마을, 방곡마을, 점촌마을, 서주마을)의 지역주민들을 통비분자로
몰아서 집단학살했다. 방곡마을에 건립된 '산청·함양사건 추모공원'은

산청·함양사건 희생자 합동묘역

이곳은 산청·함양사건 희생자 합동묘역으로 6.25 전란 중이던 1951년 2월 7일 육군 11사단 9연대 3대대에 의해 견벽청야라는 작전명에 따라 지리산 공비토벌 작전이 전개되면서 산청군 금서면 가현, 방곡마을과 함양군 휴천면 점촌마을, 유림면 서주마을 등에서 양민 705명이 희생되었던 바, 이때 억울하게 희생된 영령들을 모신 묘역입니다.

합동묘역조성과 위령탑건립은 1996년 1월 5일 거창사건등 관련자의 명예회복에 관한 특별조치법 공포와 1998년 2월 17일 거창사건등 관련자 명예회복심의위원회의 사망자 및 유족결정에 의해 이루어진 것으로 2001년 12월 13일 합동묘역조성사업 착공이후 4년에 걸친 공사진행으로 준공에 이른 것입니다.

이 묘역에서는 모두가 경건한 마음으로 어떤 경우에도 국민은 하늘과 같고, 역사는 정의의 편에 있으며, 인명은 절대의 가치로 있음을 확인하면서 희생된 영령들이 우리 후손에게 남겨주고 있는 진정한 자유와 번영의 소중한 가치를 되새기는 장이 되어야 할 것입니다.

산청함양사건추모공원                    위패봉안각

이때 학살당한 양민 705명의 억울한 영혼을 달래주기 위하여 건립한 추모공원이다. 이유도 모르고, 그냥 국가의 부름에 따라 잠시 모였다가 총알세례를 받고 허공을 떠도는 망령이 된 것이다. 위패봉안각에 들러서 숙연한 마음으로 참배를 하고 묘역을 둘러보면서 어느 이름모를 묘비 앞에 서서 가신님의 명복을 빌었다. 가슴이 뭉클했다. 저 묘비속의 죽은 사람이 내 가족이라면? 과연 나 스스로 국가에 충성하고 나라를 사랑하는 마음이 저절로 솟아날까? 제주 4.3사건의 희생자 현장, 산청·함양사건 추모공원 등을 둘러 보면서 다시는 이 땅에 전쟁이 없기를 간절히 빌었다.

매표소에서 제5구간 스탬프를 찍고 방곡마을에서 다리를 건너 산길로 접어들었다. 약 2Km가량의 아름다운 계곡과 숲길을 걸어서 상사폭포에 도착했다. 상사 폭포는 사랑하는 사람에 대한 애틋한 전설이 깃든

3단 폭포로 비가 온 뒤라서 유량이 많아 시원스럽게 물보라를 일으키며
떨어지는 풍광이 매우 아름다웠다.

상사폭포

쌍재                                    산불감시초소

비를 맞으며 숲길을 지나 독립가옥이 있는 산판도로에 도착했다. 우측으로 돌아 산판도로를 따라 걸어가니 산양삼과 천궁 재배지역인 '본디올'이 나왔다. 가로수로 개오동나무가 쪽쭉 뻗어있었다. 동의보감둘레길과 지리산둘레길이 갈라지는 쌍재에 도착했다. 산판도로를 따라 걷다가 지리산둘레길로 접어드니 산불감시초소에 도착했다. 날씨가 맑으면 천왕봉 방면으로 천왕봉, 중봉, 진주독바위, 함양독바위, 왕등습지, 산청읍 방면으로 왕산, 필봉산, 산청읍내, 웅석봉, 도토리봉, 밤머리재 등 아름다운 풍경이 잘 보일텐데 안개가 자욱해서 전혀 풍경을 감상할 수 없었다. 필봉산은 산의 형상이 붓끝을 닮아 선비의 고장을 상징하고 왕산은 가락국의 구형왕릉과 삼국통일의 주역 김유신이 활쏘기를 한 사대가 있어서 왕산이라고 불렸다.

산불감시초소를 지나 부슬부슬 비를 맞으며 산굽이를 돌고돌아 한참을 내려오니 방곡마을과 수철마을을 오가던 고동재에 도착했다.

산불감시초소를 지나서 고동재 가는길

고동재

익살스러운 목장승이 반갑게 맞아 주었다. 고동재에서 수철마을까지의 3.6km구간은 포장도로로 되어 있었다. 수철마을을 구경하며 회락정에 도착하니 동네 할머니들이 서너분 피서를 즐기고 계셨다. 버스정류장에서 제5구간을 마무리했다.

회락정

수철마을

# 수철 → 성심원

굽이굽이 경호강 물줄기 따라 성심원으로

| 🏃 거리(km) | 🕐 시간(시, 분) | 📅 도보여행일: 2020년 07월 12일 |
|---|---|---|
| 15.9 | 6:00 | 07월 18일 |

★ 꼭 들러야 할 필수 코스!

## 함양군

동강

수철

성심원

|  | 0.8K 0:20 |  | 1.8K 0:40 |  |
|---|---|---|---|---|
| ★ 수철마을 |  | 지막마을 |  | 평촌마을 |

|  | 1.1K 0:20 |  | 3.4K 1:20 |  | 1.6K 0:30 |
|---|---|---|---|---|---|
| 지성마을 |  | 내리교 |  | 대장마을 |

| 1.7K 0:40 |  | 1.0K 0:30 |  | 2.6K 1:00 |  | 1.9K 0:40 |  |
|---|---|---|---|---|---|---|---|
| 지곡사지 |  | 선녀탕 |  | 바람재 |  | ★ 성심원 |

# 지리산둘레길 6구간 (수철~성심원)
## 굽이굽이 경호강 물줄기 따라 성심원으로

경호강

　　수철마을, 지막마을, 평촌마을, 대장마을을 지나 경호강 푸른물을 바라보면서 강변따라 걷다가 내리교를 건너 지성마을, 지곡마을, 선녀탕 계곡을 거쳐 남강을 바라보며 성심원으로 가는 구간이다.

　　수철마을을 병풍처럼 둘러싸고 있는 왕산 정상은 구름이 내려앉아 신비스러웠다. 길옆 밤나무에는 성게처럼 가시들이 뾰족뾰족하게 난 밤송이들이 아름다운 자태를 뽐내고 있었다. 수철마을을 지나자 지리산 자락에 폭 안긴 아기자기한 농촌마을인 지막마을에 도착했다. 지막계곡에서 흘러내리는 물이 잘 정비된 마을 수로에 콸콸 소리를 내며 힘차게 흐르고 있었다. 마을의 집들이 아름답고 정원엔 꽃들을 잘 가꾸어 놓았다. 주변 경치에 눈이 호사를 누렸다. 평촌마을로 가는 길 우측으로 대단위 공원을 조성하고 있었다.

지막계곡과 지막마을

　　둑 밑으로 난 도로를 따라 평촌마을의'해동선원'에 도착했다. 초등학교 폐교를 활용하여 참선도량을 조성한 해동선원은 성수스님이 창건한 선원으로'세상 모든 일에 선 아닌 것이 없다'는'세상선(世上禪)'이라는 글귀가 있었다. 다양한 불상들과 12지신상, 포대화상 등 갖가지 불상들을 조성해 놓았다. 해동선원 경내를 둘러 보고 평촌마을을 지나 산청 금서농공단지를 바라보며 대장마을의 대장교를 건넜다. '오뚜기 옛날국수'간판이 유난히 눈에 들어왔다. 비가 억수로 쏟아졌다. 대장마을을 지나 경호강변으로 들어섰다. 고속도로 다리밑에는 비를 피해 모 산악회 회원들이 관광버스에서 내려 산행 뒷풀이를 하느라 분주했다. 경호강은 산청군 생초면 어서리 강정에서부터 진주 진양호까지 약 32km에 이르는 긴 물길로 강폭이 넓고 유속이 빨라 한강 이남의 래프팅 장소로 유명한 곳이다. 경호1교를 건너 경호강변길을 따라 걸었다. 경호강 레프팅센터의 안내판에 산청 9경이 적혀 있었다. 제1경 지리산 천왕봉, 제2경 대원사계곡, 제3경 황매산 철쭉, 제4경 구형왕릉, 제5경 경호강비경, 제6경 남사예담촌, 제7경 남명조식유적, 제8경 정취암 조망, 제9경 동의보감촌이었다. 앞으로 시간 날 때마다 찾아보리라 다짐하고 내리교에 도착하여 일정을 마무리했다.

평촌마을

해동선원

대장교에서 바라본 대장마을

산청 청소년수련관을 출발하여 산청의 춘산식당에서 '대장금 약선관'으로 저녁식사를 했다. 지리산에서 생산되는 다양한 약초와 신선한 야채들, 숯불에 구워낸 돼지불고기와 각종 생선구이로 푸짐한 한 상을 즐겼다.

대장금 약선관

제9호 태풍 '찬홈'의 영향으로 폭우가 쏟아졌다. 경남산청지역에 380.5mm의 강우량을 기록했다고 한다. 고속도로를 달려 집으로 오는데, 강한 빗줄기로 앞이 잘 보이질 않고 자동차는 수막현상으로 빗물에 미끄러져 휘청거렸다. 무섭기도 하고 가슴이 조마조마했다. 운전하는 동생은 뒷덜미를 계속 만지작거렸다. 조수석에 탄 나도 무서운데 운전하는 동생은 오죽 했을까? 피곤해서 눈알이 빠질 것만 같았다. 조심조심! 어렵게 대전 안영IC를 통과했다. 몸도 피곤하고 마음도 긴장했던 하루였다.

7월 18일 토요일, 아침 일찍 출발해서 덕유산휴게소에서 '한우국밥'으로 아침 식사를 했는데 주방장이 고추기름을 듬뿍 넣어주셨다. 비주얼이 영~ 아니었다. 식욕이 뚝 떨어져 모두 아침식사를 대충했다.

산청 청소년수련관에 주차를 하고 내리교를 건너 지성마을로 들어섰다.

내리교

지곡마을

고추밭, 무궁화, 원추리 등 갖가지 꽃들이 만발한 들길을 걸어 지성마을
에 도착하니 석류나무 가로수길을 만났다. 예쁜 석류들이 주렁주렁 달
려있는 석류길을 걷는 발걸음이 한결 가벼웠다.

　지곡마을을 지나 내리저수지를 돌아나오니 지곡사에 도착했다. 지
곡사는 통일 신라 법흥왕 때 웅진스님이 창건한 절로 고려 광종 때엔

지곡사

선녀탕의 제6구간 스탬프

선녀탕

선녀탕에서 바람재로 가는 대나무숲길

바람재

선종 5대 산문의 하나로 손꼽히는 대사찰이었다고 한다. 아담한 사찰 대웅전에서 스님이 천수경을 예불하고 계셨다. 뜰 앞의 목련나무에 열매가 너무 생소하고 예뻐서 사진에 담았다. 지곡사를 둘러본 다음 선녀탕계곡으로 올라 선녀탕에서 제6구간 스탬프를 찍었다. 강신등폭포와 선녀탕의 풍경이 아름다웠다. 우측은 웅석봉으로 향하는 등산로라서 우리는 왼쪽으로 잘 정비된 산판도로를 따라 바람재로 내려갔다.

남강 둑을 따라 걸으며 산청군분뇨처리시설을 지나 풍현마을의 성심원에 도착했다. 성심원은 지리산 웅석봉 자락 아래에 자리잡은 한센 노인 생활시설로 가톨릭 재단법인 프란체스코회(작은형제회)에서 운영하는 사회복지시설이다. 현재는 한센 노인 복지센터인 '성심원'과 요양원인 '인애원'이 하나로 통합되어 운영되고 있었다. 코로나-19로 인한 감염예방차원에서 정문에서 성심원내 출입을 차단하고 있어 내부를 둘러보지 못하고 성심원 앞 나루터에서 잠시 휴식을 취했다.

산청군분뇨처리시설

성심원

이곳 나루터가 경호강레프팅의 한 구간 종점이라서 '산청동강레프팅'에서 온 한 팀이 나루터에 도착했다. 인솔자가 전화번호를 주면서 연락하시면 잘해 주겠단다. 하하 땡큐!

성심교

나루터

JIRISAN
DULLE-GIL TRAIL ROUTE
07

# 성심원 → 운리

백두대간의 들머리 웅석봉 감아돌아 단속사지로

 거리(km)
16.1

 시간(시, 분)
7:00

 도보여행일: 2020년 07월 18일

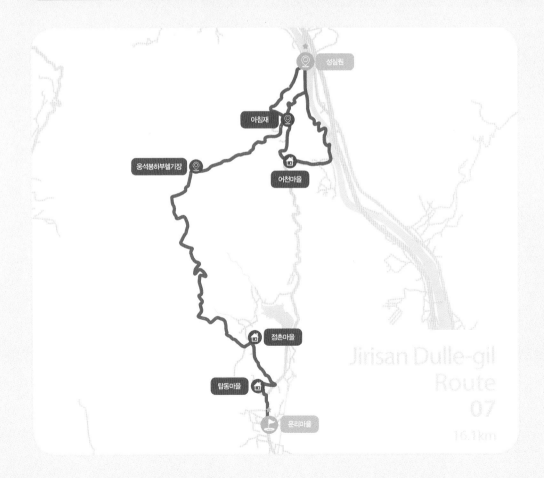

성심원

아침재

웅석봉하부헬기장

어천마을

점촌마을

탑동마을

운리마을

Jirisan Dulle-gil
Route
07
16.1km

★ 꼭 들러야 할 필수 코스!

수철

성심원

산청군

운리

덕산

| 3.4K | 1.6K |
| 1:20 | 1:20 |

성심원          어천마을          아침재

| 1.5K | 6.4K | 2.5K |
| 0:20 | 1:50 | 2:00 |

탑동마을          점촌마을          웅석봉하부헬기장

0.7K
0:10

운리마을

# 지리산둘레길 7구간 (성심원~운리)

## 백두대간의 들머리 웅석봉 감아돌아 단속사지로

어천마을

아침재와 어천마을 갈림길

성심원에서 남강을 따라 어천 마을로 가는 길은 편백나무와 소나무 숲길로 잘 정비되어 있어 솔향을 맡으면서 걷는 길이 너무 좋았다. 어천마을 초입에 들어서니 금송을 잘 가꾸어 놓은 농원의 '지리산 웅석봉 백두대간 들머리' 표지석과 어천마을 표지석이 우리를 반겼다. 어천마을은 마을 전체가 펜션촌으로 집집마다 정원을 아름답게 가꾸어 놓았고 갖가지 꽃들이 아름답게 피어 있었다. 펜션마다 피서객들로 북적거렸다.

어천마을 가는길

어천마을 초입

오후 1시 30분, 점심시간이 지나 배가 고프기 시작했다. 주변에 점심식사 할 식당을 찾아보았으나 마땅한 곳이 없었다. 앞으로 12Km 이상을 걸어가야 하는데 걱정이 태산이었다. 아침재를 향해 막바

어천마을 국수집

지를 힘들게 오르고 있는데 길옆에 국수집 안내판이 있지 않는가? 그냥 한번 전화를 걸어보았더니 잔치국수를 만들어 준단다. 사막에서 오아시스를 만난 기분이었다. 아침재를 오르는 어천마을 마지막 펜션에서 지리산둘레꾼들에게 간단한 식사로 잔치국수를 제공해주고 있었다. 아저씨는 부산에서 퇴직 후 귀농하셨고 아주머니는 주말에만 들려 요리를 해주신다고…. 멸치육수로 맛깔나게 끓여낸 잔치국수로 맛있게 점심식사를 마치고 체력을 충전한 다음 아침재에 올랐다.

웅석봉가는길                          웅석봉하부헬기장 오르는 길

　　아침재는 성심원에서 바로 오르는 길과 어천마을을 돌아서 오르는 길이 만나는 지점이다. 아침재에서 웅석봉하부헬기장까지의 2.5Km구간은 경사가 매우 급해 오르기 무척 힘들었다. 점심식사를 한 직후라 배도 부르고 등산로도 가파르고 해서 가다 쉬다를 반복하며 어렵게 웅석봉하부헬기장에 도착했다.

　　웅석봉(熊石峰)은 지리산 천왕봉에서 시작된 산줄기가 중봉과 하봉으로 이어져 왕등재와 깃대봉을 거쳐 밤머리재에 이르는 봉우리로 모양새가 곰을 닮았다고 해서 웅석봉이라고 불린다. 웅석봉하부헬기장에서 산판도로를 따라 점촌마을로 내려오는데 가로수로 구찌봉나무를 심어놓았다. 6km가량의 긴 산판도로를 내려오면서 중간 중간 폭포도 구경하며 시원한 계곡물에서 족욕도 했다. 구찌뽕이 무르익을 무렵 이 길을 다시 걸으면 너무나 아름다울 것 같았다.

율석봉 산판모료

금계사

　점촌마을을 지나 탑동마을의 금계사를 관광한 다음 단속사지에 도착했다. 단속사는 신라시대 금계사라는 절로 이곳을 방문하는 신도들이 아침, 저녁으로 쌀을 씻던 물이 10리 밖 냇물까지 닿을 정도로 너무 많아 신도수를 줄이기 위하여 한 도인의 권유에 따라 '속세와 인연을 끊는다'는 뜻으로 절 이름을 단속사로 고치니 절이 망했다고 전해진다. 현재는 한 쌍의 '단속사지 동·서 삼층석탑'과 '단속사지 당간지주', 산청의 3매인 '정당매'로 불리는 매화나무만 남아 있다.

단속사지 삼층석탑

정당매

다물민족학교를 지나 운리마을 버스정류장에 도착해 팔각정 쉼터에서 제7구간 스탬프를 찍고 이번 트레킹을 마무리했다.

산청개인택시를 이용하여 함양의 엘도라도 모텔에 여장을 풀고 '미성손맛'식당에서 생삼겹살로 저녁식사를 했다. 언제나 푸짐하고 신선한 야채가 너무 맛있고 좋았다. 오늘은 산행시간 10시간, 산행거리 25km를 주파한 힘든 하루였다.

운리마을 쉼터의 제7구간 스탬프 찍는 곳

미성손맛의 생삼겹살

# 운리 → 덕산

백운동 계곡을 지나 남명 선비의 발자취를 찾아서

 거리(km)
13.9

 시간(시, 분)
5:30

 도보여행일: 2020년 07월 19일

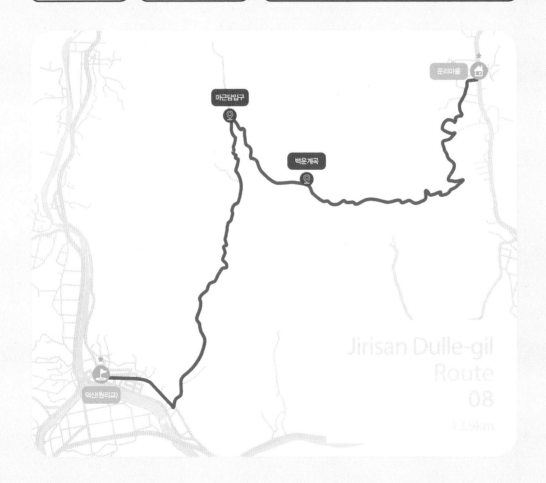

# ★ 꼭 들러야 할 필수 코스!

산청군

성심원

운리

덕산

위태

5.6K
2:00

운리마을

백운계곡

6.2K
2:10

2.1K
1:20

덕산(원리교)

마근담입구

# 지리산둘레길 8구간 (운리~덕산)
## 백운동 계곡을 지나 남명 선비의 발자취를 찾아서

덕천강과 천평마을

운리마을

산청군 시천면사무소에 주차한 다음 산청개인택시를 이용하여 운리마을로 이동 했다. 비가 많이 내렸다. 갈까? 말까? 망설이다가 우산을 들고 트레킹을 시작했다. 운리마을은 탑동, 본동, 원정 3개 동네로 이루어진 아늑하고 평온한 마을이었다. 원정마을을 지나 운리정자쉼터로 오르는 길옆으로 감나무들이 무성했고 갖가지 들꽃들이 활짝 피어 촉촉이 비에 젖은 자태가 아름다웠다. 운리정자쉼터에서 운리마을을 내려다보니 지리산 자락에 구름이 내려앉은 마을 전경이 한폭의 그림 같았다.

원정마을의 느티나무  운리정자쉼터

운리임도를 따라 걷다가 좌측으로 가파른 경사길을 오르자 소나무 숲길로 들어섰다. 소나무숲길을 지나 계곡을 건너 참나무군락지에 도착했다. 쭉쭉 뻗은 참나무들 사이로 안개구름이 오르락내리락 움직이는 모습을 보고 있노라니 무릉도원에 서 있는 듯 신비스러웠다. 참나무군락지를 걷다보니 어린시절 시골생활이 생각났다. 방학때마다 시골집에서 겨울 땔감으로 장작을 마련했는데 도끼로 장작을 패다보면 참나무는 결이 곧아 한방에 쫙쫙 쪼개지고 소나무는 결이 뒤틀려서 잘 쪼개지지 않았다. 이러한 모습을 보면서 '사람이 참나무처럼 강직하고 우직하면 주관이 뚜렷해서 좋으나 외부의 자극에 쉽게 좌절되지만 소나무처럼 온유하면서 단단하면 바위 위의 소나무처럼 오랫동안 독야청청하리라'하는 생각이 들었다. 지구 온난화로 아름답고 고풍스런 소나무들이 점점 줄어들고 있어 안타깝고 마음이 아팠다.

참나무군락지

백운계곡 가는 도중의 폭포

백운계곡

마근담입구의 소나무 숲길

마근담입구의 돌담길

백운계곡에 도착하니 비가 많이 내려 불어난 계곡물이 우렁찬 소리를 내며 흐르고 있어 답답한 가슴을 뻥~ 뚫어 주는 것 같았다. 많은 등산객들이 백운계곡에서 자연을 즐기고 있었다. 백운계곡에서 마근담입구로 오

마근담쉼터

르는 산책길은 돌담을 쌓아 잘 정비해 놓았다. 안개 자욱한 소나무 숲길과 정비된 돌담길을 걸으면서 화려한 독버섯도 구경하고 두꺼비도 구경하며 뫼석정 펜션에 도착했다. 그림 같은 펜션을 감상하며 정자쉼터에서 잠시 휴식을 취한 다음 마근담계곡을 따라 내려왔다.

마근담에서 사리마을까지의 마근담계곡은 주변이 온통 감나무 밭이었다. 감나무에 감이 주렁주렁 열렸다. 이곳 산청곶감은 지리산곶감으로

마근담계곡의 농가정원

마근담계곡의 감나무 밭

유명하고 겨울에 덕산에서 지리산 곶감축제가 열린다. 곶감하면 상주곶감, 영동곶감이 유명하다고 알고 있는데 이곳 지리산 곶감도 대단히 유명했다.

사리마을 공동우물

사리마을에 도착하니 마을 공동빨래터가 있었다. 마근담계곡물을 수로를 통해 한 곳으로 모아 마을 공동빨래터로 이용하고 있었다. 개인생활이 익숙해진 요즈음 마을 아낙네들이 공동우물터에 옹기종기 모여 손빨래를 하면서 서로 정담을 나누는 모습을 연상해보니 매우 정감이 갔다. 잠시 여장을 풀고 흐르는 계곡물에 발을 씻으며 하루의 피로를 풀었다.

남명기념관의 성성문. 스탬프 찍는 곳

　남명기념관에 도착해 성성문 앞에서 제8구간 스탬프를 찍고 남명기념관을 관람 했다. 남명 조식선생은 16세기 조선시대에 퇴계 이황선생과 더불어 영남학파의 두 거봉으로 경남우도 사람의 영수였던 성리학자였다. 산천재를 지어 제자들을 육성하여 임진왜란 때 의병을 일으켜 왜군을 물리치고 나라를 구하게 했다. 남명 조식 선생의 유적으로 산천재, 덕천서원, 세심정, 묘소, 신도비, 여재실, 단성소국역비, 장판각, 남명기념관 등이 있었다.

남명기념관

산천재

원리교

　　지리산 천황봉 자락에서 흘러내리는 물줄기들이 모이는 덕천강은
강바닥과 강 주변을 징검다리도 놓고 다양한 꽃들도 심는 등 깨끗하게
잘 정비해 놓았다. 덕산 시장 앞의 원리교에서 일정을 마무리하고 덕산
의 이화원에서 중화요리로 저녁을 맛있게 먹었다.

# 덕산 → 위태

### 덕천강변 따라 걷다가 대나무숲 중태재로

 거리(km)
9.7

 시간(시, 분)
4:00

 도보여행일: 2020년 07월 25일

★ 꼭 들러야 할 필수 코스!

산청군

운리

덕산

위태

0.4K
0:20

★
덕산                                    천평교

3.1K                                    3.1K
1:00                                    1:00

유점마을                                  중태안내소

1.3K                    1.8K
0:40                    1:00

★
중태재                                  위태(상촌)

# 지리산둘레길 9구간 (덕산~위태)

## 덕천강변 따라 걷다가 대나무숲 중태재로

덕천강변

하동호관리소에 주차하고 덕산개인택시를 이용하여 덕산의 '권수경 황칠천국' 식당에 도착하여 청국장과 얼큰이 순두부로 아침식사를 했는데 반찬도 깔끔하고 맛도 일품이었다. 원리교와 천평교를 건너가니 이곳 곶감공판장이 있는 천평마을에는 천왕봉, 원리, 사리, 천평리를

황칠천국의 청국장

천평교

둘러싸고 있는 산의 형상이 가락지를 닮은 아늑하고 비옥한 땅이라는 뜻으로 '금환락지'라는 비석이 세워져 있었다.

덕천강은 지리산 동남부인 삼장면 유평리 일대에서 흘러내린 물과 천왕봉에서 남쪽으로 시작된 물길이 모여 하동군 옥종면을 지나 진주 남강을 거쳐 낙동강으로 흘러 남해로 흐른다. 어제 내린 비로 덕천강 수량이 높아진 상황을 우려스럽게 바라보며 덕천강변을 따라 중태마을로 이동했다. 덕천강변에는 가로수로 산수유나무를 심어놓아 봄철 산수유 꽃이 필 때나 가을 산수유가 붉게 익어갈 무렵에 이 길을 다시 걸으면 무척 아름다울 것 같았다.

덕천강변

중태안내소                        중태마을

중태안내소에 도착해 제9구간 스탬프를 찍고 마을을 둘러보았다. 활짝 핀 보라색 나팔꽃, 호랑나리꽃, 황목련꽃이 매우 인상적이었다. 마을 어른께서 이곳은 가을에 감이 익어갈 무렵에 방문하면 감나무에 주렁주렁 달린 누런 감들이 장관이라고 하셨다. 온통 계곡주변이 감나무밭이라 감이 무르익을 늦가을에 다시한번 와야겠다고 다짐했다.

단감나무밭이 많은 유점마을을 지나 중태재에 올랐다. 중태재는 오르막길부터 고개를 넘어갈 때까지 온통 대나무숲이었다. 대나무가 쭉쭉 뻗은 숲길은 어두컴컴하고 스산한 기운이 감돌았다. 이국적인 맛도 있었지만 분위기가 왠지 음산해서 혼자 도보여행하기에는 다소 위험한 구간 같았다. 위태마을 버스정류장에서 일정을 마무리했다.

단감나무밭

유점마을

중태재 가는길

중태재

중태재 대나무숲길

위태마을

# JIRISAN
### DULLE-GIL TRAIL ROUTE
## 10

# 위태 → 하동호

양이터재를 넘어 섬진강 수계인 하동호로

 거리(km)
11.5

 시간(시, 분)
5:00

 도보여행일: 2020년 07월 25일

# ★ 꼭 들러야 할 필수 코스!

위태

하동호

대축

서당    삼화실

| 1.9K 0:50 | | 0.6K 0:20 |
| --- | --- | --- |
| 위태(상촌) | 지네재 | 오율마을 |

| 2.6K 1:00 | 2.2K 1:00 | 2.2K 1:00 |
| --- | --- | --- |
| 나본마을 | 양이터재 | 궁항마을 |

2.0K
0:50

하동호

# 지리산둘레길 10구간 (위태~하동호)
## 양이터재를 넘어 섬진강 수계인 하동호로

하동호 전경

부레옥잠으로 뒤덮인 저수지

위태마을 버스정류소에서 지네재방향으로 올라갔다. 일제 때 팠다는 마을 앞의 저수지는 부레옥잠으로 뒤덮여 늪지 같았고 돌담에는 더덕꽃이 예쁘게 피었다. 점심식사 때가 되어 정돌이민박 쉼터의 안내판을 따라 상수리나무당산을 지나 정돌이 민박에 도착했다. 주인을 아무리 불러도 인기척이 없었다. 할 수 없이 비오는 도로변에 쭈그리고 앉아 간단한 간식으로 청승맞게 점심식사를 했다. 안내판이 없었더라면 기대라도 하지 않았을 텐데…….

더덕꽃

　간단히 식사를 마친 다음 지네재로 올랐다. 지리산 자락의 정글같은 덤불숲터널, 푸릇푸릇한 참나무와 소나무 숲길을 지나 지네재를 넘자 첩첩산중의 오지마을인 오율마을에 도착했다. 주산등산안내도 옆에 대나무로 둘러싸인 백궁선원이 있었다. 백궁선원은 국선도 수련도장으로 옛날 오대사 절터에 자리잡고 있었다. 외부인 출입을 통제하고 있어 내부가 궁금하기도 했지만 한편으로는 스산한 기운이 감도는 곳이었다. 한적한 오율마을의 포장도로를 지나 가파른 산길로 다시 접어들었다.

지네재 오르는 길

지네재

백궁선원

능선에 올라 오율마을을 되돌아보니 온 마을이 대나무로 뒤덮여있어
오지중의 오지마을 같았다. 인적이라고는 찾아볼 수가 없었다.

송이버섯              영지버섯

소나무숲길을 오르다가 일행이 송이버섯을 발견했다. 생전 처음으로 채취해보는 자연산 송이버섯이라 감회가 새로웠다. 뒤이어 영지버섯도 채취하면서 궁항마을에 도착했다.

궁항마을

궁항마을에서 양이터재로

우주사고                            우주사고

궁항마을을 지나 양이터재로 오르는 도중에 '우주사고'라는 아티스트 2창수 작품을 만났다. 2년 전에도 이곳에 있었는데… 작품을 이해하기 어려워 아쉬웠고 과연 몇 명이나 이 작품을 감상했을까? 궁금했다.

양이터재에 도착하자 자욱한 안개가 산속을 덮어 무릉도원 같은 분위기를 연출 했다. 나본마을로 내려가는 산책로는 시원한 계곡물과 푸르른 소나무숲의 상큼한 솔향으로 몸과 마음이 저절로 치유되었다. 스산한 대나무숲길이 중간중간에 나타나 마치 납량특집 전설의 고향을 경험하는 짜릿한 기분이었다.

양이터재 오르는 길

양이터재

양이터재 계곡물

대나무숲길

나본마을에 도착해 제10구간 스탬프를 찍고 하동호 산책로를 따라 하동호관리소에서 일정을 마무리했다. 하동호는 지리산의 맑고 깨끗한 청암면 중이리 일대의 묵계천과 금남천을 막은 산중호수로 하사지구의 농업용수를 공급하기 위해 조성한 대단위 댐이다. 높은 산들로 둘러싸인 댐 상류의 청학계곡과 묵계계곡의 산과 물이 어울어진 풍경이 매우 아름다웠다. 또한 하동호는 봄에는 꽃들이, 가을에는 단풍이, 겨울에는

나본마을 스탬프 찍는 곳　　　　　　　하동호 산책로

흰 눈이 지리산의 웅장한 자태와 어울려 사시사철 아름다운 풍경을 자아 낸다고 한다.

　　　하동의 형제식육식당에서 생삼겹살로 저녁식사를 했다. 낮에 채취한 자연산 송이버섯을 참기름 소금에 찍어 먹었더니 솔향이 입안 가득 풍기고 식감도 쫄깃쫄깃하니 좋았다. 무엇보다도 생전 처

형제식육식당의 생삼겹살과 송이버섯

음으로 자연산 송이버섯을 직접 채취해서 먹었다는 것이 너무 행복했다. 하동의 테마모텔에 숙소를 정해 여장을 풀었다.

# 하동호 → 삼화실

돌배의 고장 명사마을로

 거리(km)
9.4

 시간(시. 분)
4:00

도보여행일: 2020년 07월 26일

# 지리산둘레길 11구간 (하동호~삼화실)
## 돌배의 고장 명사마을로

화월마을

마루솔 한정식

재래시장의 복두꺼비

　　테마모텔 부근의 '마루솔 한정식'식당에서 아침식사를 했다. 평소
에는 아침식사를 하지 않지만 특별한 날만 아침식사를 제공한다고 한
다. 운 좋게도 오늘이 그 특별한 날이었다. 가자미, 서대 등 네 가지 생
선구이를 곁들인 푸짐한 밥상이 1인분에 만원으로 무척 저렴했다. 맛도

일품이었다. 배불리 한상 차려먹고 감사한 마음으로 봉사료를 일부 드렸더니 기분이 날아갈 듯 상쾌했다. 식사를 마치고 하동재래시장을 구경하는데 입구에 있는 섬진강 두꺼비동상이 매우 인상적이었다. 복두꺼비 입에 동전을 던지며 소원을 빌고, 금두꺼비가 물고 있는 동전을 만지면 재물과 행운의 기적이 이루어진다고 한다.

하동호관리소에 주차하고 댐 제방 밑으로 난 오솔길을 내려가 횡천강을 따라 평촌마을로 갔다. 비가 온 다음날이라 풍광이 선명하고 쾌청했다. 관점마을 돌다리를 건너려고 가까이 가보니 어제 내린 비로

횡천강

평촌마을

화월마을 가로수길

관점마을

계곡물이 불어 관점교로 우회했다. 화월마을의 벗나무 가로수길과 파릇
파릇한 벼들로 가득한 논 풍경이 어울려 한 폭의 아름다운 그림을 연출했
다. 관점마을을 지나던 길에 바라본 비닐하우스 안에는 무수한 참취들이

자라고 있었다.

명사마을 표지석이 나타나면서 돌배나무 가로수길이 펼쳐졌다. '2000년도 환경 보존우수시범마을 명사마을' 표지석과 도로 양 옆에 석장승이 우뚝 서 있는 돌배나무 가로수길을 따라 걸어가다 탄소 없는 명사돌배마을 정자쉼터에 도착했다. 잠시 휴식을 취하면서 주변 경관을 둘러보았더니 경치가 너무 아름다웠다. 명사마을에는 1000년 된 천룡바위 돌배나무가 있다고 한다.

명사마을 석장승

돌배

명사마을 쉼터

하존티마을

하존티마을을 지나 상존티마을회관에 도착하니 마을 분들이 동네 어르신들을 모시고 중복날 이라고 점심식사를 대접하러 가고 있었다. 경로사상이 살아있는 정겹고 사람 사는 냄새가 나는 마을이었다. 2년 전인 2018년 2월경 이곳을 지나는데 비가 억수로 많이 왔었다. 당시 하동호를 출발할 때는 비가 오지 않아 우의를 차에다 놓고 내렸는데 비가 억수로 많이 내려 온몸이 비 맞은 생쥐처럼 흠뻑 젖었다. 마을 분들에게 우산을 구하려고 집집마다 방문을 했는데 갑작스런 외부인의 방문에 무서워 할아버지가 화장실에 숨어 나오지 못하고 발을 동동 구르셨다. 그 때를 회상하며 할아버지가 숨었던 화장실을 쳐다보니 한바탕 웃음이 났다.

상존티마을의 할아버지 집. 흰 문이 화장실

존티재 오르는 대나무숲길

존티재

존티재 내려오는 소나무숲길

참취나물밭

　　대나무숲길을 올라 천하대장군과 지하여장군이 서 있는 존티재에서 스탬프를 찍고 아름다운 소나무숲길과 참나무숲길을 내려왔다. 밤나무 농장을 지나자 동촌마을이 나타났다. 관점마을과 삼화실에서 재배되는 참취나물은 질이 매우 우수하여 지리산 특산물로 유명하다고 한다. 삼화실에 도착해 삼화실안내소에서 스탬프를 찍고 이번 일정을 마무리했다.

삼화실안내소

하동군 고전면의 '하동솔잎한우프라자'에서 저녁식사를 한 다음 정
동원군 생가인 하동의 '우주총동원'에 들렀다. 하동군에서 정동원길과
정동원카페를 조성한 걸 보니 미스터트롯 열기가 대단했고, 이로 인해
하동을 빛낸 유명인의 탄생을 알렸다.

하동솔잎한우프라자

우주총동원

# 삼화실 → 대축

위풍당당 문암송, 대봉감 시배지 대축마을로

 거리(km)
16.7

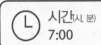 시간(시, 분)
7:00

 도보여행일: 2020년 07월 26일
08월 02일

★ 꼭 들러야 할 필수 코스!

가탄

원부춘

대축

서당

삼화실

하동호

하동군

하동읍

0.4K
0:10

1.3K
0:50

삼화실      이정마을      버디재

1.6K
0:40

2.7K
1:20

3.3K
1:20

신촌재      신촌마을      서당마을

1.9K
0:40

1.0K
0:30

1.8K
0:30

2.7K
1:00

먹점마을      먹점재      미점마을      대축마을

# 지리산둘레길 12구간 (삼화실~대축)
## 위풍당당 문암송, 대봉감 시배지 대축마을로

먹점재넘어 조망처에서 바라본 섬진강

삼화실의 이정마을에서는 비닐하우스에 참취나물을 많이 재배하고 있었다. 이곳 참취나물이 품질이 우수하여 지리산 특산물로 유명하다고 한다. 가격도 무척 비싸서 마을소득에 큰 몫을 차지한다고…. 대나무숲을 지나고 고로쇠나무군락지를 지나 버디재를 넘었다. 서당마을에 도착하니 구찌봉나무가 즐비했고 나무마다 구찌뽕이 주렁주렁 달렸다. 서당에서 훈장님이 아이들을 가르치는 마을벽화가 매우 인상적이었다. 무인판매점인 서당마을 주막갤러리에서 시원한 맥주로 갈증을 해소하며 잠시 쉬었다.

참취나물

고로쇠군락지

버디재

구찌뽕

서당마을

주막갤러리에서 마신 맥주가 무더운 날씨 탓으로 얼굴이 붉어지고 정신이 몽롱하니 취기가 돌았다. 나른한 몸을 이끌고 간신히 우계저수지에 도착했다. 우계저수지에서 서당마을과 상우마을 들판을 바라보니 전경이 너무 아름다웠다. 칡넝쿨로 뒤덮인 숲길을 뚫고 괴목마을을 지나 가다쉬다를 반복하며 신촌마을에 도착했다. 신촌 마을은 깊은 산골에 위치한 한가로운 농촌마을로 마을 어르신들의 쉼터인 경로당이 코로나19 확산방지를 위하여 굳게 닫혀 있었다.

우계저수지에서 바라본 서당마을

괴목마을과 우계저수지

괴목마을

신촌마을

신촌재

　　신촌재를 향해 오르막길을 오르는데 도무지 발이 떨어지지 않았다. 힘겹게 한참 올라가니 구재봉과 먹점마을 갈림길인 신촌재에 도착했다. 계곡에서 시원하게 불어오는 골바람에 비오듯 흘러내리는 땀을 식히면서 풍욕하는 기분이 상쾌하며 좋았다. 신촌재를 넘어 고로쇠나무 군락지에 도착했는데 회색빛 고로쇠나무숲이 마치 인제의 자작나무숲처럼 신비스러운 풍경을 자아내었다. 먹점마을에 도착하니 온통 마을 전체가 매실농장이었다. 마삭줄엔 열매가 달렸는데 처음 보는 모습이라

신촌재 고로쇠나무                    마삭줄

사진에 담았다. 종착지에 거의 다 온줄 알았는데 다시 또 먹점재가 나타
났다. 죽을 맛이다. 오늘은 왜 이리도 힘든지? 지금까지 트레킹 중 가장
힘든 순간이었다. 날씨도 덥고, 습도도 높고, 점심식사도 시원찮고, 체력
도 완전 고갈이고…….

먹점재를 지나 전망 좋은 곳에서 지리산의 깊은 계곡 사이로 굽이굽
이 흐르는 섬진강 물줄기를 바라보니 아름다운 풍경에 탄성이 저절로

미동마을                               문암송

터져나왔다. 미동마을을 지나 솔향에 취해 소나무숲길을 걷다보니 대축 마을의 문암송에 도착했다. 하동군 악양면 축지리에 있는 문암송은 소 나무의 씨앗이 문암이라는 바위틈에 뿌리를 내려 마치 소나무가 바위 에 걸터앉은 것처럼 기이하게 자란 특별한 소나무다. 수령이 600여년 된 소나무로 천연기념물 제491호로 지정되었으며 문암정이라는 정자 가 앞에 세워져 있었다. 문암송은 이전 MBC 월화미니시리즈 〈역적〉 촬 영지로도 유명하다.

이곳 대축마을은 우리나라 대봉감 시배지로 온통 주변이 대봉감나무 밭이었다. 대봉감은 홍시를 만들어 먹으면 과즙이 많아 아주 맛있다. 내 가 어릴 때는 소금물에 울려먹는 월하나 곶감용 먹감이 대부분 이었는데

배나무밭

요즘은 단감이나 대봉이 크기도 크고 맛도 좋아 주류를 이루고 있었다. 매년 11월 초순에 악양대봉감축제가 열리는데 이때 풍성한 대봉감과 곶감을 먹을 수 있다고 한다. 하동은 또한 배로도 유명한 곳으로 하동 황금배가 특산품이다. 가을에 평사리들판에서 누렇게 익어가는 벼들의 황금빛 물결을 감상하는 것도 장관이다. 대축마을 표지석에서 늦은 일정을 마무리 하고 대전으로 올라와 저녁 11시에 태평동근처 '진우왕족발' 식당에서 저녁식사를 했다.

대축마을

# 하동읍 → 서당

하동읍의 너뱅이들을 바라보며 바람재를 넘고

 거리(km)
7.0

 시간(시, 분)
2:30

 도보여행일: 2020년 08월 02일

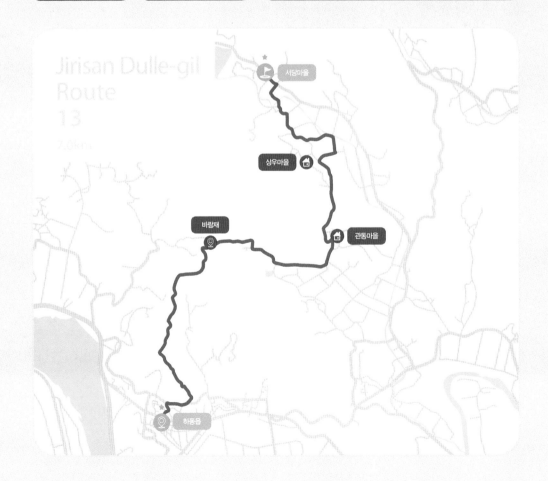

★ 꼭 들러야 할 필수 코스!

원부춘

하동호

대축

삼화실

서당

하동군

하동읍

2.5K
1:20

★
하동읍                                    바람재

2.3K
0:40

1.4K
0:40

상우마을                                    관동마을

0.8K
0:20

★
서당마을

# 지리산둘레길 13구간 (하동읍~서당마을)

## 하동읍의 너뱅이들을 바라보며 바람재를 넘고

바람재넘어

구례 화엄사 초입의 '주부가든'에서 콩나물백반으로 아침식사를 했다. 이른시간 아침식사가 가능한 식당으로 어머님 손맛이 물씬 풍기는 각종 야채무침이 푸짐하게 제공되는 시골밥상이었다. 아침식사를 마친 다음 악양면 평사리의 박경리 토지 문학관 주차장에 주차하고 하동

주부가든

지리산둘레길 하동센터

(콜)택시를 이용하여 하동읍의 지리산둘레길 하동센터로 이동했다.

태풍 실라코의 영향으로 충청, 강원, 서울, 경기 등 중부지역이 최대 300mm의 집중호우로 물폭탄을 맞아 난리법석이 났다. 그런데 남부지방은 폭염주의보다. 오전 10시 하동센터를 출발하여 뒷산을 오르는데 습도가 너무 높아 숨이 콱콱 막히고 땀이 비오듯 쏟아졌다. 등줄기를 타고 내려온 땀으로 바지가 흠뻑 젖었다. 가파른 경사를 오르면서 하동 읍내를 돌아보니 경치가 너무 아름다웠다. 하동포구 팔십리 뱃길과 하동 배로 유명한 하동 읍내를 바라보며 매실농장길과 녹차나무길을 걸었다. 난생 처음으로 녹차열매도 구경하고 자연스럽게 익어가는 명감나무

하동읍 정경

매실나무숲길

소나무군락지

명감나무

마삭군락지

열매도 구경하며 소나무군락지와 마삭군락지를 지나 바람재에 도착했다. 2년전 이 고개를 넘을 때 멧돼지 잡는 총소리에 놀라 가슴이 벌렁벌렁 했던 기억이 되살아났다.

산 밑에 홀로 있는 농장을 바라보며 고갯길을 내려와 율곡마을에 도착했다. 밤나무가 많다고 해서 붙여진 이름인 율곡마을에는 율곡마을주민 강영민이 그린 벽화가 있는데 매우 인상적이었다.

바람재의 독립농가

율곡마을 벽화

관동마을 소담재

더덕꽃

율곡마을을 구경하고 관동마을로 들어
서는데 마을 초입 소담재라는 비석 앞에 한
쌍의 목장승이 걸음을 잠시 멈추게 했다. 행
복은 특별한 그 무엇이 아니고 일상적이고
소박한 것인데 하면서 해맑게 웃으면서 서
있는 익살스러운 모습을 보고 있노라니 마
음이 포근해지면서 웃음이 저절로 나왔다.
관동마을 이름은 옛날 관리들의 관사가 있
었던 곳에서 유래되었다고 하는데 집집마다

대문 앞에 태극기를 게양해 놓고 있었다. 관동마을에 도착하니 마을이 너무 깨끗하고 아름다워 마을의 평상에서 잠시 쉬었다. 시원한 물로 발을 씻고 더위를 식히는데 텃밭에 더덕꽃이 풍성하게 피어 있었다.

사과가 탐스럽게 달린 사과농장과 들새미농장의 대봉감나무를 감상하며 상우마을회관을 지나 이팝나무 쉼터에 도착했다. 매년 5월이면 밥알 같은 하얀 꽃잎을 바라보며 농민들이 춘궁기를 버티었고 꽃잎이 만개하면 그해 농사가 풍년들기를 기원했다고 한다. 이팝나무 아래 벤치에 앉아 잠시 쉬면서 우계리 들판을 바라보았다. 서당마을의 지리산둘레길

이팝나무 쉼터

주막갤러리에 도착해 시원한 맥주와 음료수로 더위를 식힌 다음 라면을 끓여 점심식사를 했다. 맥주가 이렇게도 시원할 수가 없었고, 라면도 지금까지 먹어본 라면 중 제일 맛이 좋았다. 너무 배가 고프니 시장이 반찬이라고 모든 것들이 맛있었다. 가격은 또 왜 이렇게 싼지…….

주막갤러리

지리산둘레길을 걷는 도보꾼들에 대한 배려에 정말로 감사하며 힘겨운 13구간 트레킹을 마무리했다.

주막갤러리

# 대축 → 원부춘

평사리들판을 지나 악양천 둑방길을 걸으며

 거리(km)
11.5

 시간(시, 분)
6:30

 도보여행일: 2020년 08월 22일

원부춘

윗재

개서어나무(쉼터)

입석마을

최참판댁

동정호

대축마을

Jirisan Dulle-gil
Route
14
11.5km

# ★ 꼭 들러야 할 필수 코스!

가탄

원부춘

하동호

대축

삼화실

서당

하동군

하동읍

| 1.2K 0:30 | | 1.8K 1:00 |
|---|---|---|
| ★ 최참판댁 | 동정호 | 대축마을 |

2.2K 0:40

| 1.3K 1:40 | | 1.3K 0:50 |
|---|---|---|
| 윗재 | 개서어나무(쉼터) | 입석마을 |

3.7K 1:50

★ 원부춘

# 지리산둘레길 14구간 (대축~원부춘)

## 평사리들판을 지나 악양천 둑방길을 걸으며

평사리들판

쓰레기수거장

8월 7일부터 계속된 집중폭우로 섬진강과 구례의 서시천이 범람하여 구례읍과 화개장터가 침수되었다. 현장을 둘러보니 그 참상이 말로는 표현하기 힘들정도로 심했다. 화개장터를 지나면서 섬진강주변에 산처럼 쌓여진 쓰레기더미와 그랜드캐년처럼 움푹 패인 섬진강 주변을 바라보면서 수해주민의 피해가 얼마나 심각했는지 짐작할 수 있었다. 군인과 주민들이 열심히 수해현장을 복구하는 모습을 바라보며 하루빨리 정상적인 생활로 복귀하기를 간절히 빌었다.

동정호                            동정호

박경리토지문학관주차장에 주차하고 동정호로 이동했다. 고려 우왕 때 왜구들이 섬진강을 따라 침입해오자 두꺼비들이 지금의 섬진나루를 뒤덮어 왜구의 배가 정박할 수 없도록 해서 왜구의 침입을 막았다고 하여 이 강을 두꺼비 섬(蟾)자를 써서 섬진강이라고 불렀다고 한다. 동정호는 평사리들판 초입에 자연적으로 만들어진 늪지대로 두꺼비 산란지인 동정호 생태습지원과 악양루를 포함하여 약1.5km 둘레의 호수로 조성되어 있었다. 동정호를 한바퀴 둘러보고 평사리들판으로 나아갔다.

평사리들판은 '무딤이들'이라고도 불리는데 지리산과 백운산 사이 협곡을 통하여 섬진강 물이 굽이쳐 흐르면서 강물에 실려 온 모래와 진흙에 의하여 만들어진 83만여 평의 너른 들판이다. 이 들판이 있어 악양에 큰 마을이 형성되었고 평사리들판이 박경리 소설 '토지'의 무대가 되기도 하였다. 또한, 악양은 대봉감 시배지로 매년 10월말에서 11월 초경에 대봉감축제가 열린다. 대봉감은 수분이 많아 특히 홍시를 만들어

먹으면 맛이 일품이다. 평사리들판 초입에 '서희와 길상나무'라고 불리
는 부부송이 있는데 병풍처럼 둘러쳐진 지리산 자락과 너른 들판이 어
우러져 한 폭의 그림같은 풍경을 연출했다. 벼들로 풍성한 들판길을 지
나 악양천 둑방길을 걸으며 쉼터에 도착했다. 쉼터에서 바라본 평사리
들판과 섬진강이 어우러진 풍경은 너무 아름다워 그야말로 압권이었다.

'서희와 길상나무' 부부송

평사리들판                                    악양천둑방길

축지교를 지나자 둑방길을 핑크뮬리로 아름답게 조성해 놓았다. 늦은 가을에 이 길을 다시 걸으면 분홍색의 향연이 환상적일 것 같다. 악양천 둑방길 쉼터에서 사진액자 조형물에 앉아 평사리들판을 배경으로 멋진 작품사진도 찍고 평사리들판을 한 바퀴 둘러본 다음 입석마을로 이동했다. 입석마을은 선돌(立石)이 있어 마을이름이 입석마을이라고 불리게 되었다고 한다.

둑방길쉼터에서 바라본 대축마을          입석마을

윗재 방향으로 오르다 섭바위골 개서어나무 쉼터에 도착해 스탬프를 찍고 윗재 방향으로 오르자 서어나무 군락지가 나타났다. 이번 구간 중 제일 아름다운 장소로 하늘로 쭉쭉 뻗은 서어나무들 사이를 걷는 느낌은 너무 상쾌하고 행복했다. 서어나무는 고로쇠나무와 비슷하게 생겼는데 고로쇠나무는 2월경에 수액을 채취해서 판매하는 농가소득원으로 수익성이 높은 나무 품종이다. 두 종류의 나무를 쉽게 구별하는 방법은 나뭇잎 모양으로 구별하는 법인데 서어나무는 참나무잎 모양이고 고로쇠나무는 단풍나무잎 모양이다.

섭바위골쉼터(스탬프)

서어나무

서어나무잎

고로쇠나무

고로쇠나무잎

서어나무군락지

서어나무 군락지를 지나 윗재에 도착한 다음 원부춘으로 내려가기 시작했다. 소나무 숲길을 지나 산허리를 돌고 돌아 3.7Km의 지루한 길을 하염없이 걸어 내려갔다. 특히, 하산길에 고로쇠나무들을 많이 만났다. 원부춘 사람들이 이른 봄에 고로쇠수액을 채취하기 위해 나무에 호수를 연결한 흔적이 많이 남아 있었다. 덕분에 현장에서 서어나무와 고로쇠나무를 쉽게 구별할 수 있었다. 대나무 숲길을 헤치고 천신만고 끝에 원부춘 마을회관에 도착했는데 오늘도 37도를 넘나드는 폭염으로 트레킹하는데 무척 힘들었다. 박경리문학관주차장으로 가기 위해 화개개인택시를 불러놓고 기다리는데 홍골농원펜션 사장님께서 더운데

윗재

원부춘 전 대나무숲길                   원부춘회관

수고한다고 녹차를 시원하게 얼려서 PET병으로 한병 주시는게 아닌가? 정신없이 받아 마시면서 감사하고 또 감사했다.

# 원부춘 → 가탄

## 정금차밭 정금정에 누워 화개골 녹차밭의 정취에 취해

 거리(km)
11.4

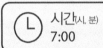 시간(시, 분)
7:00

 도보여행일: 2020년 08월 23일

정금차밭

대비마을

하늘호수차밭

형제봉 임도삼거리

가탄마을

백혜마을

원부춘

Jirisan Dulle-gil
Route
15

★ 꼭 들러야 할 필수 코스!

JIRISAN
Dulle-gil Trail Route
15

# 지리산둘레길 15구간 (원부춘~가탄)
## 정금차밭 정금정에 누워 화개골 녹차밭의 정취에 취해

정금리녹차밭

　　오늘도 군수님 음덕으로 하동의 '마루솔한정식식당'에서 맛있게 아침식사를 했다. 화개장터의 다향문화센터에 주차하고 화개개인택시를 이용하여 원부춘 마을회관으로 이동했다. 어제 홍골농원펜션 사장님께서 녹차를 주신 것에 너무나 감사해서 그 보답으로 보름달빵 6개와 캔커피 2개를 드리고 서로 감사의 인사를 나눴다. 원부춘! 왠지 마을 분들이 너그러울 것 같은 느낌이 들었다. 형제봉으로 난 임도를 따라 올라가는 배나무골 주변은 온통 펜션들로 즐비했다. 아침햇살을 받으며 상큼하게 피어있는 칡꽃과 백합꽃을 사진에 담고 수정사에 도착했다. 절 구경을 하고 관음전에 가서 참배도 했다. 약사전 바로 앞에 교회 수련원이 있어 두 종교가 서로 사이좋게 공존하고 있었다.

원부춘펜션

형제봉으로 가는 임도

　　형제봉 임도삼거리에 도착해 잠시 휴식을 취한 다음 중촌마을 쪽을 향해 산죽 군락지를 지나 급경사 산책로를 내려오니 하늘호수차밭(쉼터)에 도착했다. 스탬프를 찍고 간단히 점심식사를 했다. 전에는 산속 깊은 곳에 위치해 고즈넉한 맛이 있어 산행 중 피로한 몸을 잠시 쉬는 곳으로 너무나 좋았는데 지금은 SNS의 영향으로 차량을 이용한 관광객들로 인산인해를 이뤄 너무 혼잡스러웠다. 관광객들이 자동차로 정금마을 꼭대기까지 올라와 아무데나 주차하는 모습을 보니 눈살이 찌푸려들고

형제봉 임도삼거리

산죽군락지

중촌마을 하산길

하늘호수차밭

하늘호수차밭

중촌마을 벌통

마을주민들의 원망도 많아 잠시도 머물고 싶지 않았다. 도심마을로 내려오는데 대규모로 양봉을 하는 벌꿀통들이 시선을 사로잡았다.

도심삼거리에 도착하니 차시배지와 정금차밭으로 이어지는 천년차밭길 안내판이 세워져 있었다. 우리나라에 차나무가 전래된 것은 신라 흥덕왕 3년(828년) 당나라에 사신으로 갔던 김대렴이 차나무종자를 가지고 와서 이곳 지리산(쌍계사) 일원에 심은 것이 시초라고 한다. 경상남도 하동군 화개면 정금리에는 수령 약 1,000년 된 한국최고차나무(천년차나무로도 불림)가 있는데 우리나라에서 가장 크고 오래된 차나무로 2006년 1월 12일 경상남도 기념물 제264호로 지정되어 보호받고 있었으나 2011년 겨울 혹한으로 고사했다. 마음이 아팠다.

한국최고차나무

천년차나무 후계목

정금정

천년차밭길을 따라 걷다가 정금차밭의 정금정에 올라 화개천과 화개골 일원의 녹차밭을 감상하면서 휴식을 취했다. 정금정에서 바라본 정금마을, 대비마을, 화개천 일원, 쌍계사 계곡의 녹차밭 풍경은 한 폭의 그림을 보는 것 같았다. 정금정에서 농로로 이어지는 차밭을 내려와 대비삼거리에서 대비암 쪽으로 좌회전해서 대비마을로 올라가다 삼거리에서 임도를 따라갔다. 벌써 햇밤이 익어 알밤들이 길가에 수북하게 떨어져있어 몇 알 주워 먹었더니 재법 맛이 들었다. 힘겹게 고개를 넘으며

정금차밭쉼터

대비마을

백혜마을

가탄마을회관

가탄마을 길가슈퍼

녹차밭의 향연을 즐긴 다음 백혜마을, 가탄마을회관을 지나 가탄마을의 길가슈퍼에 도착했다. 일정을 마무리하고 화개십리벚꽃길을 걸어 다향 문화센터에 도착했다.

　화개장터는 섬진강 물길을 따라 경상도와 전라도 사람들이 한데 어우러져 내륙의 산물과 남해의 해산물을 서로 교류했던 장소로 지금은 상설시장으로 꾸며놓고 많은 관광객을 유치하고 있었다. 8월 초순 집중폭우로 섬진강이 범람하여 침수됨으로써 피해가 컸는데 주민들이 합심하여 많이 복구되어 있었다.

이 지역의 유명한 관광지로는 화개장터, 화개십리벚꽃길, 천년차시배지, 쌍계사, 불일폭포, 칠불사, 목통마을 등이 있고 하동의 관광지로는 하동짚와이어, 빅스윙, 금오산 해맞이공원, 하동레일바이크, 구재봉자연휴양림, 하동편백자연휴양림, 청학동 삼성궁, 지리산 생태과학관, 스카이워크, 박경리문학관, 최참판댁 등이 있다.

# 가탄 → 송정

섬진강 물줄기를 바라보며 목아재에 올라

 거리(km)
10.6

 시간(시. 분)
6:00

 도보여행일: 2020년 09월 06일

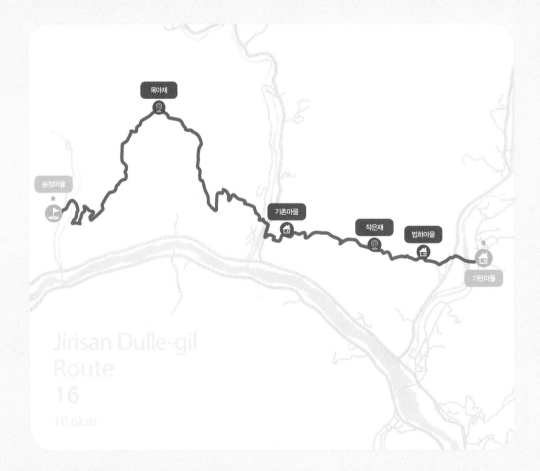

목아재

송정마을

기촌마을

작은재

법하마을

가탄마을

Jirisan Dulle-gil
Route
16
10.6km

★ 꼭 들러야 할 필수 코스!

구래군

송정

오미

가탄

원부춘

대축

| 0.7K 0:20 | | 1.2K 1:00 | |
|---|---|---|---|
| ★ 가탄마을 | 법하마을 | 작은재 | |

| 3.4K 1:30 | | 3.4K 2:10 | 1.9K 1:00 |
|---|---|---|---|
| ★ 송정마을 | 목아재 | 기촌마을 | |

# 지리산둘레길 16구간 (가탄~송정)
## 섬진강 물줄기를 바라보며 목아재에 올라

피아골정경

　　지리산 주능선을 종주하려고 노고단에서 천왕봉을 향해 걷다보면 임걸령을 거쳐 반야봉에 올랐다가 삼도봉을 지나 화개재에 도달한다. 노고단고개에서 화개재까지의 거리는 대략 7.5Km다. 반야봉은 지리산 주능선에서 천왕봉 다음으로 높은 봉우리로 이곳에서 출발한 능선이 삼도봉, 불무장등, 통곡봉, 황장산, 촛대봉으로 이어져 섬진강에 도달해 경상도 하동과 전라도 구례로 나뉜다. 지리산 주능선을 바라보며 이 능선의 오른쪽이 화개장터에서 화개천을 따라 쌍계사로 올라가는 계곡이고 왼쪽이 내서천을 거쳐 피아골로 가는 계곡이다. 오늘 트레킹구간은 화개장터의 가탄마을에서 촛대봉 능선의 작은재를 넘어 피아골 입구의 기촌마을을 지나 목아재를 넘어 송정마을까지 이어진다.

　　화개장터를 둘러보았더니 아직 이른 시간이라 재래시장이 열리지

화개장터

않았다. 수해 복구는 많이 이루어진 것 같았다. 다향문화센터에 주차하고 화개십리벚꽃길을 따라 가탄마을 길가슈퍼에 도착해 스템프를 찍고 가탄교를 건너 화개중학교 방향으로 이동했다. 가탄교에서 바라본 가탄마을과 정금리 차밭의 펜션들이 비온 뒤 안개와 어울려 한 폭의 그림 같았다. 녹차밭을 배경으로 화개중학교를 사진에 담았는데 멋진 작품 하나가 만들어진 것 같았다. 지리산둘레길 초기에는 화개장터에서 화개 십리벚꽃길을 따라 쌍계사까지 걸으면서 정금리의 천년차나무도 구경하고 쌍계사, 칠불사를 거쳐 목통마을에서 당재에 넘어가는 구간이

화개십리벚꽃길

가탄마을

있었는데 지금은 이 구간이 폐쇄되었다. 목통마을은 지리산에서 가장 오지마을로 지리산 토종꿀과 고로쇠수액을 채취하는 마을로 유명하다. 목통마을에서 당재에 오르는 구간에는 엄나무와 두릅을 많이 재배하고 있었다.

화개중학교

법하마을을 지나 작은재로 오르는데 가탄 기점 0.9Km 지점 하동 209 안내표지판이 있는 곳에서 등산로를 철조망으로 막아 놓았다. '출입금지' '이곳은 개인사유지이므로 외부인의 출입을 금합니다. 주인백'의 표지판과 더불어 입구를 철조망으로 둘둘 말아놓았다. 행여나 우회하는 길이 있지 않을까 생각하며 포장도로를 따라 올라가는데 그 집 주인인 듯한 사람 두 명이 차를 타고 내려왔다. 작은재로 올라가는 길을 물어보았더니 포장도로를 따라 황장산 쪽으로 쭉 올라가면 된단다. 둘레길표지판은 분명히 철조망을 통과하는 방향으로 되어있는데 황장산 쪽으로 올라가라니 이해가 되질 않아 하동센터에 전화로 문의를 했다. 기촌마을 가는 길은 철조망으로 막은 그 길 밖에 없으므로 현명하게 통과하란다. 황차를 만드는 집으로 들어가다 정원에서 우회하는 길을 찾아 철조망을 통과했다. 무슨 이유로 둘레길을 막았는지는 모르겠지만 만일 황장산으로 올라갔더라면 하루 종일 산길을 헤매다 조난당할 뻔했다. 길을 잘못 가르쳐 준 사람들이 얄밉기도 했지만 하루속히 둘레길

법하마을

법하마을의 출입금지 철조망

정비가 잘되어 도보여행자들이 불편하지 않았으면 좋겠다는 생각이 들었다.

　초롱초롱한 칡꽃과 편백나무숲, 대나무숲을 지나 솔향이 가득한 붉은소나무 숲길을 걸었다. 경사가 심한 오르막길을 헉헉대며 숨이 턱까지 차도록 걸어 올라가니 작은재에 도착했다. 작은재는 황장산 정상과 기촌마을로 내려가는 갈림길로 촛대봉을 거쳐 황장산 정상에 이르는 6.2Km의 능선길이다. 작은재에서 둘레길은 어안동 밤나무숲길을 지나 피아골계곡의 기촌마을로 이어졌다. 일찍 익은 밤들이 길가에 수북히

작은재

떨어져 있었다. 기촌마을에 도착해 피아골계곡과 은어마을펜션단지를
구경하고 추동마을로 올라갔다.

어은동 밤나무밭

기촌마을

기촌마을

고개마루에서 바라본 기촌마을과 섬진강

경사가 가파른 임도를 따라 올라 드넓은 녹차밭을 지나 '영수문'이
라는 제실에 도착했다. 지나는 길에 돌배들이 무수히 열린 자연산 돌배
나무를 만났다. 조그마한 돌배들이 얼마나 많이 열렸는지 가지가 찢어
질 것 같았다. 고개마루에서 화개장터쪽을 바라보니 기촌마을과 섬진강
물줄기가 어우러져 한 폭의 그림을 연출했다. 소나무숲길을 따라 산등
성이를 한참 걸어 목아재에 도착해서 스탬프를 찍었다.

목아재오름길

목아재

전에는 목아재에서 남산마을, 평도마을, 당치마을, 농평마을, 당재를 연결하는 8.1Km구간이 개통되었는데 2019년 6월 1일부터 지리산둘레길 노선에서 제외되었다. 목아재 쉼터에서 당재를 바라보며 휴식을 취한 다음 송정마을로 향했다. 비가 제법 많이 내려 우산을 쓰고 산행을 이어갔다. 빗방울이 나뭇잎에 뚝뚝 떨어지는 소리를 들으며 숲내음을 맡으며 숲길을 걸으니 기분이 상쾌하고 행복했다. 송정마을이 바라보이는 고개마루에 도착하니 칡덩쿨과 풀숲으로 뒤덮인 산길을 깨끗하게

송정고개마루의 칡넝쿨숲길

송정마을펜션

잘 정비해 놓았다. 송정마을 골짜기에 새로 조성된 팬션촌이 지리산 자락에 폭 안겨 너무 아름다워 보였다. 개울물이 넘쳐 등산화를 벗고 건넌 다음 송정마을에 도착해 일정을 마무리했다. 10호 태풍 '하이선'의 북상으로 비가 많이 내렸다. 폭우가 몰아치기 전에 화개콜택시를 불러 다향문화센터에 도착해 급히 차를 몰고 대전으로 올라갔다.

송정마을종점

# 송정 → 오미

우리나라 3대 길지 중 한 곳, 운조루와 타인능해를 둘러보며

거리(km)
10.4

시간(시, 분)
5:00

도보여행일: 2020년 09월 19일

Jirisan Dulle-gil
Route
17
10.4km

문수제

솔까끔마을

내죽마을

오미마을

구례노인요양원

석주관갈림길

송정마을

원송계곡

# ★ 꼭 들러야 할 필수 코스!

# ★ 꼭 들러야 할 필수 코스!

# 지리산둘레길 17구간 (송정~오미)

## 우리나라 3대 길지 중 한 곳, 운조루와 타인능해를 둘러보며

내죽마을

송정계곡 소나무숲길

9월 13일 일요일, 이 구간을 트레킹하기 위해 구례에 내려왔었으나 8월 초순 집중호우로 섬진강이 범람하여 오미-용호정-서시천 부근이 유실되어 통행을 금지했고 당일 비도 많이 내려 용천사와 불갑사 꽃무릇 관광으로 일정을 변경했었다.

일주일이 지나 둘레길이 어느 정도 정비가 되었으리라 생각하고 구례 실내체육관 주차장에 주차하고 택시로 송정마을의 황토집 민박으로 이동하여

편백나무숲

민달팽이

산행을 시작했다. 아침공기도 상쾌하고 날씨도 화창해서 트레킹하기엔 좋은 날씨였다. 급경사 소나무 숲길을 올라 송정계곡으로 향했다. 향기로운 솔향을 맡으며 아침햇살에 반짝이는 소나무숲과 참나무숲을 걷고 있노라니 산림욕을 하는 기분이었다. 송정계곡을 지나 편백나무숲을 돌아 내려와 정자쉼터 부근에서 잠시 쉬는데 민달팽이들이 짝짓기를 하고 있었다. 처음보는 광경이라 신기했다.

토종감나무, 단감나무, 하얀 녹차꽃 등을 구경하며 원송계곡을 돌아나오니 시야가 확 트인 섬진강변의 황금들녘이 나타났다. 추석 명절을 맞이해 어느 가문의 집안 묘 벌초를 깨끗하게 잘해 놓았다. 황금들녘을

묘(잔디장)

구례군 노인전문요양원

요양원 지나서 고개쉼터

바라보며 오르막길을 지나자 구례노인요양원에 도착했다. 구례군 노인
전문요양원은 치매와 같은 중증질환 노인들을 돌보기 위해 국비와 지
방비 지원을 받아 운영하는 복지기관이다. 코로나19가 전국적으로 심
각하게 발생하고 있어 요양원에도 외부인 출입금지로 인적도 없이 조
용했다. 구례군 노인전문요양원 뒤쪽으로 난 가파른 임도를 따라 걷
다보니 전망이 확 트인 정자쉼터가 나타났다. 고개쉼터의 대청마루에

구만리들판

걸터앉아 저 멀리 섬진강을 끼고 발달한 아름다운 구만리들판의 황금들녘을 바라보고 있노라니 별천지에 온 것 같았다. 쉼터근처 구지뽕나무에는 붉은 구지뽕 열매가 주렁주렁 열려 가을의 풍성함을 더해 주었다.

임도변에 인위적으로 조성된 솔까끔마을을 지나 문수저수지에 도착했다. 문수천을 막아 흙으로 만든 큰 저수지다. 임도에서 바라본 문수제와 내죽마을 풍경이 너무 아름다웠다. 저수지 제방 아래에 위치한 내죽마을은 마을 풍경이 아름답고 정겨웠다. 하죽마을을 돌아 나오자 독특한 자태를 뽐내는 향나무길이 나타났다. 황금들녘과 어울려 꾸불꾸불하게 자란 향나무의 자태가 고풍스러웠다.

솔까금마을

문수저수지

내죽마을

향나무길

향나무길을 지나 오미마을의 운조루에 도착했다. '구름 위를 나는 새가 사는 빼어난 집'이란 뜻의 운조루는 조선영조 52년(1776년) 당시 삼수부사를 지낸 유아주가 세운 집으로 집터가 금환락지 형태로 우리나라의 3대 길지 중 한 곳이다. 또한, 조선시대 양반가의 대표적인 전통 가옥 구조로 중요한 국가민속문화재다. 이곳에는 '타인능해(他人能解)'라는 글씨가 씌여진 나무로 만든 큰 뒤주가 하나 있었다. '타인능해'란 '누구나 열 수 있다.'라는 뜻으로 쌀 두가마니 반이 들어가는 큰 뒤주에 쌀을 가득 채워놓고 마을에 가난한 사람이 끼니를 이을 수 없을 때 누구든지 남 눈치 보지말고 마개를 돌려 쌀을 가져갈 수 있도록 허용한다는 뜻이다. 경주 최부자집처럼 당시 양반의 애민 정신을 잘 보여주고 있었다. 운조루 고택을 둘러보고 오미정에 올라 쉬면서 이번 여정을 마무리했다.

운조루

타인능해

# JIRISAN
### DULLE-GIL TRAIL ROUTE
## 18

# 오미 → 난동

### 섬진강 제방길과 서시천 생활환경숲길을 걸으며

 거리(km)
18.9

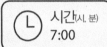 시간(시, 분)
7:00

 도보여행일: 2020년 09월 19일
09월 26일

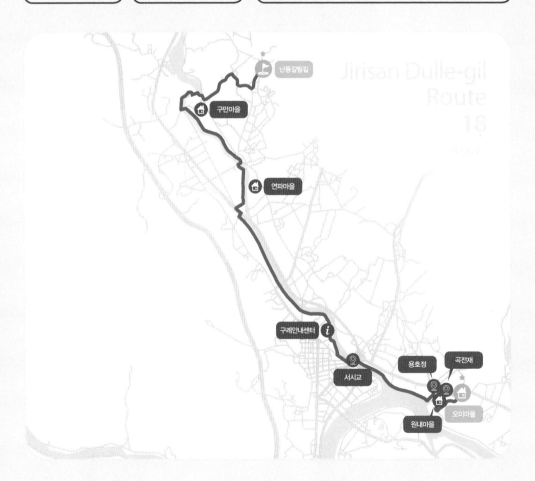

구래군

산동
난동
방광
송정
오미
가탄

|  | 0.2K<br>0:10 |  | 0.7K<br>0:30 |  |
| --- | --- | --- | --- | --- |
| ★<br>오미마을 |  | 곡전재 |  | 원내마을 |

| 0.9K<br>0:20 |  | 2.9K<br>1:00 |  | 2.3K<br>0:40 |
| --- | --- | --- | --- | --- |
| 구례안내센터 |  | 서시교 |  | 용호정 |

| 6.0K<br>2:10 |  | 2.1K<br>1:00 |  | 3.8K<br>1:10 |
| --- | --- | --- | --- | --- |
| 연파마을 |  | 구만마을 |  | ★<br>난동갈림길 |

JIRISAN
DULLE-GIL TRAIL ROUTE
18

# 지리산둘레길 18구간 (오미~난동)
## 섬진강 제방길과 서시천 생활환경숲길을 걸으며

서시천 코스모스단지

9월 19일, 운조루를 출발해 곡전재에 들렀다. 곡전재는 조선후기 한국 전통목조 건축양식의 주택으로 1929년 박승림이 건립했고 1940년 이교신(호 곡전)이 인수하여 현재까지 그 후손들이 거처하고 있었다. 금환락지(금가락지가 땅에 떨어진 길지)에 건립된 가택 안에 연못으로 조성된 정원과 붉게 핀 꽃무릇, 누렇게 익은 탱자, 각종 꽃들이 아름답게 피어 운치를 더했다. 'KBS 전통한옥 아름다운 정원'으로 방영되기도 하였으며 구례군 향토문화유산 제9호로 지정되었다.

곡전재

곡전재를 둘러보고 원내마을을 지나 섬진강 제방길로 올라갔다. 구
례읍까지 4Km가량 이어지는 긴 제방길을 걸으며 오미마을을 되돌아보
니 지리산 자락들이 병풍처럼 둘러싸고 오미마을, 내죽마을, 솔까끔마
을이 옹기종기 모여있는 모습이 포근하고 아늑해 보였다. 들판에는 벼
들이 황금빛으로 누렇게 익어가고 있었다. 가을의 넉넉함과 평화로운
농촌 풍경이었다.

오미마을

섬진강 제방길을 걷다보니 지난 8월초 집중호우때 피해흔적들이 아
직도 곳곳에 많이 남아있었다. 섬진강 내의 나무들이 모두 세찬 물살이
지나간 방향으로 기울어져 있고 목재데크 주변의 나무에는 아직도 쓰
레기들과 나뭇가지들이 뒤엉켜 있었다. 용호정 앞 납골당에도 물에 잠
긴 납골함을 꺼내 분골을 햇빛에 말리느라 분주한 모습이었다. 피해현
장을 걷다보니 그 당시의 피해가 얼마나 처참했는지 짐작할 수 있었다.
용호정에서 스템프를 찍고 구례읍을 향해 섬진강 제방길을 걸으며 섬
진강 범람으로 인한 각종 피해현장들을 더 목격했다. 섬진강이 범람해

섬진강 수해현장

용호정

섬진강

섬진강

서시교 밑의 제방둑이 터져 서시천으로 역류하여 구례읍에 문난리가
난 현장, 서시천 둑 밑으로 주유소, 대나무숲, 논, 과일나무 등이 물에 잠
겨 갈색으로 죽어가고 있는 현장은 정말로 처참했다.

서시교를 건너 구례읍으로 들어와 지리산둘레길 구례안내센터에 도
착해 오늘 일정을 마무리하고 산동면의 지리산온천 부근에 있는 장터목
식당에서 흑돼지삼겹살로 저녁식사를 했다. 주인아주머니께서 오랜만에

장터목식당

오셨다고 매우 반갑게 맞아주셨다. 오늘따라 고기맛이 유별나게 맛있었다.

9월 26일, 지리산둘레길 구례안내센터를 출발해 서시천 생태탐방로를 걸었다. 2019년 서시천 생활환경숲 조성사업의 일환으로 서시교와 구만교 사이의 15Km 구간에 걸쳐 왕벚나무, 꽃복숭아, 이팝나무, 메타세쿼이어, 수양버들, 야생화(꽃양귀비, 노랑원추리, 코스모스, 물억새) 등을 심어 서시천 뚝방길주변을 잘 가꾸어 놓았다. 구례안내센터에서 연파마을의 광의면소재지까지 약 6km정도의 서시천 꽃길은 왕벚나무, 꽃복숭아를 번갈아가며 심어놓아 매년 4월 ~ 5월경 벚꽃과 꽃복숭아꽃이 만개할 때가 되면 화개 장터 쌍계사 십리벚꽃길 못지않게 아름다울 것 같았다. 광의대교

서시천 생활환경숲

광의대교 징검다리

서시천 생활환경숲

징검다리를 건너면서 개구쟁이 시절의 옛 향수에도 젖어보고 들판에 누렇게 익어가는 벼와 꽃들을 바라보며 가을을 만끽해 보았다. 광의대교를 지나 서시천 주변에 조성된 코스모스단지에서 활짝 핀 코스모스와 지리산 자락을 배경으로 마음껏 풍경사진을 찍고 연파마을로 향했다.

광의면사무소를 지나 구만마을로 들어가던 중 곳곳에서 홍수 피해 현장을 목격했다. 구만마을에서는 서시천 제방둑이 터졌고 세심정 전의 다리가 끊어졌으며 구만저수지 아래에는 다리가 유실되어 우회로가 생겼다. 세심정에서 잠시 휴식을 취한 다음 구만저수지와 우리밀체험관을

구만마을 서시천 제방둑

구만제 아래 끊어진 다리

구만제

우리밀체험관

온동마을

난동마을

지나 온동마을에 도착했다. 조용한 온동마을을 구경하고 난동마을에 도
착하니 느티나무 아래에서 어르신 두 분이 가을 경치를 즐기고 계셨다.
풍성하게 열린 과일들과 갖가지 꽃을 감상하며 종착지인 난동갈림길에
도착했다.

# 오미 → 방광

평전언덕을 지나면서 둘러본 분묘 전시장에서

---

 거리(km)
12.3

 시간(시, 분)
5:00

 도보여행일: 2020년 09월 20일

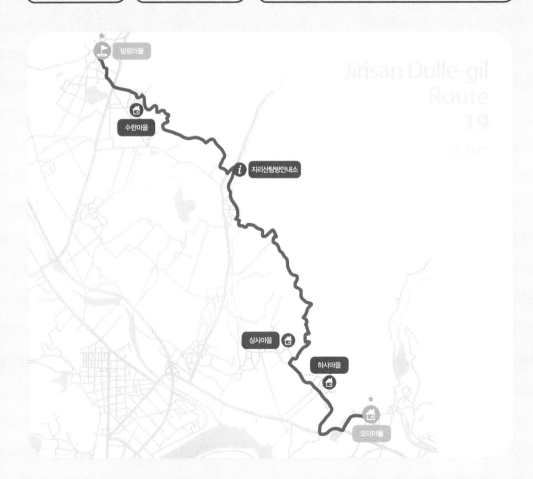

# ★ 꼭 들러야 할 필수 코스!

구래군

산동
난동
방광
송정
오미
가탄

| | 1.9K 0:50 | | 0.8K 0:20 | |
|---|---|---|---|---|
| ★ 오미마을 | | 하사마을 | | 상사마을 |

| | 1.4K 0:40 | | 3.2K 1:10 | 5.0K 2:00 |
|---|---|---|---|---|
| ★ 방광마을 | | 수한마을 | | 지리산탐방안내소 |

# 지리산둘레길 19구간 (오미~방광)

## 평전언덕을 지나면서 둘러본 분묘 전시장에서

상사마을에서 바라본 구례읍

송정~오미 구간을 걷다보면 석주관 갈림길이 자주 나온다. 이번 구간 일정을 시작하기 전에 석주관에 들렀다. 왜구가 섬진강을 통해 전라도 내륙으로 침범하는 적을 방어하기 위해 고려말에 석주산성을 축조하였는데 경상도 하동에서 전라도 구례로 들어오는 전략적 요충지에

석주관 칠의사 사당

석주관 칠의사 묘

세워진 초소가 석주관이었다. 임진왜란(1592년)과 정유재란(1597년)때 이순신 장군과 함께 일본군 10만 병력을 상대로 석주관문을 지키다 순절한 7명의 의병장과 구례현감 이원춘, 의병 3,500명, 화엄사 승병 153명을 모신 제단이 구례 칠의사 지위단이다. 석주관 칠의사 사당, 숭의각, 제명각, 칠의사 묘, 칠의사 지위단, 석주관성을 둘러보았는데 칠의사 묘가 많이 훼손되어 있어 관리가 아쉬웠다. 앞으로 이들의 우국충정을 기려 국립묘지의 장군묘역처럼 보수했으면 좋겠다는 생각이 들었다.

오미마을의 오미정을 출발해 생명수한의원이 있는 한옥체험마을을 걸어 내려가 오미저수지 뚝방길로 접어들었다. 저수지 뚝방길에는 강아지풀과 비슷하게 생긴 수크령이 만개하여 아침이슬에 촉촉이 적은 모습이 아름다웠다. 나무계단을 올라 산길을 돌아 GS주유소로 내려온 다음 용두갈림길에서 우측으로 잠시 걸어 내려가니 저수지를 끼고 있는 아름다운 하사마을이 나타났다.

오미정

오미저수지 둑방길

하사마을 양봉장

하사마을 작은뜸샘

　　마을입구 양봉장에서 부부가 꿀을 뜨고 있어 사진을 찍으려고 가까이 다가갔다가 화가 난 벌들이 떼거리로 달라붙어 머리카락 속으로 덕지덕지 들어가 붙었고 안경 속까지 날아 들어와 눈 밑을 쏘였다. 오른쪽 눈 밑이 얻어맞은 듯 주먹만하게 부어올랐다. 한때는 몸에 좋다고 돈을 주고도 봉침을 맞았지만 지금은 상황이 달랐다. 비상약이 없어 그냥 참고 걸어가는데 보약인지? 고생인지? 좌우지간 무지하게 아파 죽겠다. 하사마을은 신라 흥덕왕 때 이인이 승려 도선에게 '모래 위에 그림을 그려 뜻을 전한 곳'이라고 하여 사도리라고 불렸는데 윗마을은 상사마을, 아랫마을은 하사마을이 되었다고 한다. 하사마을은 도선국사 풍수지리 발생지로 마을입구에는 먹는 물 공동시설인 작은뜸샘과 모래그림 마을 안내도가 있었다.

　　하사마을을 지나 상사마을 입구로 들어서니 효자 이규익을 기리기 위해 세운 향토문화재 이규익지려를 만났다. 이규익은 자신의 살을 베고

손가락을 잘라 피를 흘려드려 80세 고령의 아버지를 3일 더 살게 했다고 한다. 상사마을에는 미네랄 성분이 풍부하고 맑은 샘물인 당몰샘이 있는데 마을사람들은 상사마을이 전국에서 유명한 장수마을이 된 이유가 이 샘물 때문이라고 생각하고 있다. 평전언덕으로 올라 광산탁씨 문중묘를 지나 지리산 화엄사 입구인 황전마을까지의 구간은 묘지 전시장이었다. 추석이 가까워서인지 공동묘지를 비롯하여 각 문중묘지마다 벌초를 깨끗하게 해 놓았다. 요즘 장례문화도 많이 바뀌는 것 같다.

이규익지려

상사마을

평전언덕 시멘트장

임도에서 바라본 대평마을

처음에는 매장에서 지금은 화장하여 납골당, 수목장, 잔디장으로 바뀌더니, 벌초도 하기 싫어서인지 잔디장 바닥에 시멘트 또는 작은 돌을 깔아 놓았다. 일본에서는 유골을 풍선에 넣어 공중에서 분해하는 풍선장이 유행이란다. 좌우지간 산 사람이 편한 대로 장례변화도 변하는 것 같다.

황전마을의 지리산 탐방안내소에 도착해 중화요리집에서 간단히 점심식사를 했다. 당촌마을에서 나팔꽃, 명가나무열매, 각종 꽃들을 구경하며 걷다가 소나무 숲길과 대나무숲길을 지나 수한마을에 도착했다. 원래 마을이름은 지리산 화엄사와 천은사 계곡과 섬진강물이 어우러지는 곳으로 물이 차다고 하여 물한리라고 불렸는데 1914년 행정구역 개편으로 수한마을이 되었다고 한다. 수한마을 황금들녘의 아름다운 풍경을 만끽하며 걷다가 방광마을에 도착해 큰 느티나무 아래 정자에서 잠시 쉬었다 종착지인 버스정류장으로 이동하여 인증스템프를 찍었다.

황전마을

지리산 탐방안내소

당촌마을

수한마을

방광마을

# 방광 → 산동

굽이굽이 구릿재 넘어 산수유의 고장 산동마을로

 거리(km)
13.0

 시간(시, 분)
5:00

 도보여행일: 2020년 09월 20일
09월 26일

산동

난동

방광

구래군

송정

2.2K
1:00

1.0K
0:20

방광마을

대전리석불입상

예술인마을

1.0K
0:20

3.7K
1:20

3.7K
1:30

탑동마을

구릿재

난동갈림길

1.4K
0:30

산동면사무소

## 지리산둘레길 20구간 (방광~산동)
### 굽이굽이 구릿재 넘어 산수유의 고장 산동마을로

방광마을 산불 발화지점

9월 20일 일요일, 방광리 버스정류장을 출발해 무당들이 자연의 신비스런 경외감에 굿을 하던 소원바위를 둘러보았다. 방광마을의 유구한 역사와 문화적 가치가 서려 있는 방광 전통마을숲을 지나 2018년에 발생했던 지리산 산불 발화지점에 도착했다. 불탄 나무들은 모두 정비해서 새로운 나무로 심어 놓았고 불탔던 묘 4기는 산 아래에 옮겨 잔디장으로 깔끔하게 정리해 놓았다. 호우피해로 방광 - 산동구간 일부가 유실되어 폐쇄한다는 현수막을 뒤로하고 울창한 숲길과 감나무 과수원길을 지나 대전리 석불입상에 도착했다. 대전리 석불입상은 고려 초에 조성된 것으로 추정되는 불상으로, 광명으로 중생을 다스린다는 비로자나 불상이다.

방광마을 소원바위

대전리 감나무 과수원길

대전리 석불입상

당동마을을 지나 예술인마을에 도착했는데 화가들이 각자 자기들만의 스타일로 독특한 집들을 꾸며놓아 마을이 이색적이고 아름다웠다. 난동마을로 들어서는 초입에 서 있는 마을정자목인 수령이 400년 된 소나무를 둘러보고 난동갈림길로 이동했다.

구례 예술인마을

구례 예술인마을

마을정자목

지리산 구례생태숲

구릿재 산판도로

구릿재 정자쉼터

구릿재 편백나무숲

　　9월 26일 토요일, 난동갈림길에서 구릿재로 오르는데 산판도로 주변에 지리산 생태숲과 편백나무숲을 조성하고 있었다. 구릿재까지 오르는 약 4km의 임도길 양 옆으로 이팝나무 가로수길도 조성해 놓았다. 구릿재 정자쉼터에서 인증스템프를 찍고 잠시 휴식을 취한 다음 구례 수목원으로 내려오는데 탑동마을로 내려가는 하행길 양옆을 단풍나무 가로수길로 조성해 놓아 가을에 단풍이 들면 무척 아름다울 것 같았다.

구릿재 단풍나무숲길

구례수목원을 지나 붉은 산수유열매를 구경하면서 걷다보니 탑동마을에 도착했다.

탑동마을은 통일신라시대 만들어진 것으로 추정되는 삼층석탑이 있다고 하여 탑동마을이라고 불리게 되었다고 한다. 지리산 온천랜드로 들어가는 초입에 위치한 마을로 당산나무인 커다란 느티나무와 두꺼비 머리모양의 큰 돌이 마을 입구에 버티고 서 있어 인상적이었다. 효동마을을 지나면서 생강, 헛개나무열매, 산수유열매 등을 구경하며 구릿재를 넘어 병풍 같은 지리산 자락을 감상하며 산동면사무소에 도착했다. 산수유가 남자에게 좋다고 하여 판매처를 수소문해서 2.5Kg을 구매했다.

탑동마을

효동마을

효동마을에서 바라본 탑동마을

산동면사무소

# 산동 → 주천

### 계척마을의 산수유시목을 둘러보며

---

 거리(km)
15.9

 시간(시, 분)
7:00

 도보여행일: 2020년 09월 27일

# ★ 꼭 들러야 할 필수 코스!

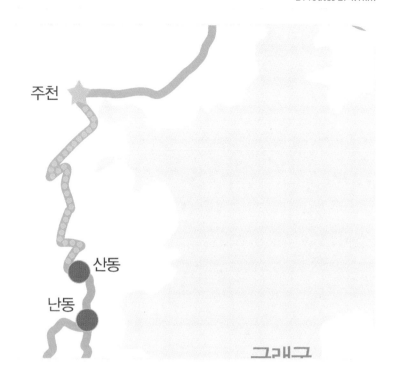

주천

산동

난동

그래그

| 산동면사무소 | 1.9K 0:30 | 현천마을 | 1.8K 0:50 | 계척마을 |

5.2K
2:50

| 주천안내센터 | 4.3K 1:20 | 지리산유스호스텔 | 2.7K 1:30 | 밤재 |

# 지리산둘레길 21구간 (산동~주천)
## 계척마을의 산수유시목을 둘러보며

현천저수지

삼성마을

구례 산수유꽃축제의 본고장인 산동마을의 산동면사무소에 주차하고 지리산둘레길 마지막 구간 트레킹을 시작했다. 원촌초등학교를 지나 현천마을로 들어서는 초입의 삼성마을에서 광활한 황금 들녘과 저 멀리 보이는 지리산 자락이 어울려 한 폭의 멋진 산수화를 빚어냈다. 대표적인 산수유마을인 현천마을로 오르는 길목에는 대추와 석류들이 주렁주렁 열렸고 논에는 황금빛 벼가 무르익어가고 있어 가을의 풍성함을 느낄 수 있었다.

현천마을 화장실은 산수유마을답게 산수유열매 모양으로 만들었고 마을 앞 현천저수지에 현천마을과 견두산 전경이 물에 비춰 아름다운 풍경을 연출했다. 연관마을을 지나 계척마을로 가는 도중 정자쉼터에서 잠시 쉬면서 야생 밤나무에서 떨어진 햇밤도 주웠다. 길가에 있는 큰 밤나무에 달린 밤송이들이 입을 쫙 벌리고 있었고 밤나무 밑에는 굵은 밤들이 소복하게 떨어져 있었다. 산수유시목으로 유명한 계척 마을에 도착해 산수유시목을 둘러보았다. 수령 1000년인 산수유시목은 천여 년 전 중국의 산수유 주산지인 산동성의 한 처녀가 이곳 산동면으로

현천마을

시집오면서 고향의 풍경을 잊지 않기 위해 산수유나무 한 그루를 가져와 심은 것이라고 한다. 봄에는 노란 산수유꽃을 활짝 피우고 가을에는 붉은 산수유열매가 주렁주렁 열리는 산수유시목을 바라보며 천년의 세월을 견디고 있는 자연의 경이로움에 다시 한 번 놀랐다.

연관마을

산수유시목

계척마을

사수유시목지

계척마을을 거쳐 체육공원을 지나 밤재를 올라가려고 하는데 산동-주천 구간의 등산로를 폐쇄한다는 표지판이 세워져 있었다. 지난 폭우로 밤재로 오르는 편백나무숲과 대나무숲 부근에서 산사태가 크게 일어나 산동-

체육공원 화장실

주천 구간의 지리산둘레길이 폐쇄되고 말았다. 지리산둘레길 구례센터에 전화로 문의해 보았더니 피해가 너무 커서 위험하니 더 이상 트레킹하지 말라고 하면서 올해 안으로는 복구가 어렵다고 했다. 아쉽지만 밤재 구간은 폐쇄한 지점에서 멈추고 산수림가든을 지나 19번 국도변에서 구례행 시외버스를 타고 산동면사무소로 이동했다. 지리산둘레길 구례안내센터에 도착해 사단법인 숲길 이사장이 발급하는 '지리산둘레길 순례증'을 발급받고 순례배지도 수령했다.

산사태지역 출입통제 산사태지역 안내판

밤재

밤재 – 주천안내센터 구간은 2018년 3월 14일 등산한 것을 참고하면, 밤나무가 많아서 이름 붙여진 밤재에서 '왜적침략길 불망비'를 감상하고 주천을 향해 남원 방향으로 임도를 따라 걷다가 구례와 남원을 연결하는 국도를 가로질러 지리산유스호스텔 지역에서 낡은 데크 계단을 오르내리다 숲길로 접어들었다. 산길을 빠져나와 만복대 능선을 바라보며 걷다가 안용궁마을의 류익경 효자비각을 둘러보고 장안저수지를 지나 마을길을 따라 주천파출소 앞을 지나 지리산둘레길 주천안내소에 도착해 긴 여정을 마무리했다.

류익경 효자비각

수락폭포

# 지리산
# 둘레길
# 완주를 마치며

지리산둘레길 순례증(최병욱)

지리산둘레길 순례증(최병선)

지리산둘레길
순례뺏지

최병욱, 진성화, 노희자, 최병선

10남매의 장남인 나 최병욱, 부인 진성화, 셋째 제수씨 노희자, 일곱째 동생 최병선. 이렇게 4명이 한 팀이다. 함께 먹고, 함께 자고, 함께 하루 종일 활동하기에는 조심스럽고 몹시 불편한 관계인데 우리는 좀 다르다. 4년 동안 매 주말마다 1박 2일로 전국을 대상으로 한국의 100 명산을 완등하면서 체력을 보강하였고, 그 여세를 몰아 지리산둘레길을 완주했다. 상대를 존중하고 배려하며 사랑하다보니 가족애도 더욱 돈독해지고 행복감도 늘었다.

　　2010년과 2013년에 부인 진성화와 2018년에 동생 최병선과 함께 세 차례에 걸쳐 지리산둘레길을 완주했는데 겨울철을 이용하다보니 들판은 추수를 마친 뒤라 황량했고, 산은 나뭇잎이 다 떨어진 앙상한 나무들로 속살을 드러내 보였다. 겨울철이라 하루 종일 걸어도 사람구경하기 힘들고 숙박시설도 넉넉하지 못해 난생 처음 빨간 고무다라니에 더운 물을 받아 씻기도 했다. 점심은 굶고 추위와 싸워가며 걷고 또 걸어서 완주했던 기억이 새롭다.

　　2020년 6월 27일 주천을 출발하여 9월 27일까지 3개월 동안 10차례에 걸쳐 지리산둘레길을 다시 완주했다. 전 세계가 코로나19로 난리법석이었고 이로 인해 사람들의 생각과 생활방식은 많이 변했다. 지리산은 청정지역이고 어른들이 많이 살고 있어 외부인이 방문하는 것을 좋아하지 않았다. 하루 종일 걸어도 만나는 사람은 거의 없었다. 마냥 산천초목 구경하고 나름대로 감상하며 묵묵히 걸었다.

　　초여름 주천을 출발할 때는 들판의 곡식들이 파랗게 물들었고 집집마다 송엽국, 접시꽃 등 갖가지 꽃들이 만발했다. 고추밭에 풋고추도 주렁주렁 달렸고 참깨꽃, 도라지꽃도 활짝 피어 가는 길을 반갑게 맞아주었다.

(사)숲길에서 둘레길을 잘 정비해놓아 걷기에 너무 편하고 좋았다. 구간구간마다 지역의 특성에 맞게 은행나무길, 살구나무길, 개오동나무길, 석류나무길, 구찌뽕나무길, 산수유길, 돌배나무길, 이팝나무길, 단풍나무길, 벚나무길, 꽃복숭아나무길 등을 조성해 놓아 매우 인상적이었다.

산에는 숲이 우거져 시원하고 솔향기와 울창한 참나무숲 내음이 피로를 풀어주는 등 눈과 마음을 즐겁게 해주었다. 계곡에 흐르는 물소리를 들으며 숲속을 걷는 기분은 한결 여유롭고 행복했다.

8월부터 계속된 찬홈, 실라코, 바비, 마이삭, 하이선 등의 태풍과 긴 장마와 국지성 집중폭우로 경하강, 섬진강 등이 범람하여 각 지역에 자연재해가 막심했고 특히 구례지역이 침수되어 심한 피해를 입었다. 9월에 섬진강 지역을 걸으며 피해현장을 직접 가 보았더니 섬진강은 그랜드캐년을 보는 듯했고, 구례의 자주 가던 식당은 지붕까지 물이 차올라 엉망이 되어 차마 눈뜨고 볼 수가 없었다. 오미 - 난동 구간과 산동 - 주천 구간은 폭우로 다리도 유실되고 산사태로 둘레길이 유실되어 일부구간은 더 이상 트레킹을 이어갈 수가 없었다.

9월말 경 마지막 구간을 걸을 때는 논에 벼가 누렇게 익어 가을 추수를 하고 있었고 감나무엔 감이 누렇게 익었으며 산수유 열매도 빨갛게 익었다. 배, 대추, 구찌뽕, 모과, 사과 등 각종 야채와 과일들이 모두 풍성하게 익어가고 있었다. 3개월 동안인데 세월이 많이 흘렀다는 것을 실감했다.

지리산둘레길을 걸으며 우리나라의 산천평야가 정말로 아름답다는 것을 다시 느꼈다. 지리산 구석구석이 아름다운 펜션들로 가득했고 집집마다 갖가지 꽃들로 정원을 예쁘게 가꾸어 놓았다. 옛날 시골이 아니었다. 세계 어느 곳보다도 아름답고 넉넉했다. 지리산둘레길 구간마다 길을 특색있게 꾸며 놓으려고 애쓴 흔적이 역력했다. 인월, 함양, 하동, 산동 등 식당에서 지리산 흑돼지를 원 없이 먹었고, 하동에서 한정식과 한우로 푸짐한 밥상을 즐겼다. 좋은 경치 보느라 눈호강 잘하고 맛있는 음식 즐기며 트레킹 내내 행복했다.

긴 여정을 마치며 구례안내센터에서 지리산둘레길 순례증과 순례 배지를 발급받으니 벅찬 감동이 밀려왔다. 마지막까지 사고 없이 무탈하게 지리산둘레길 완주라는 대업을 이루고 나니 모두에게 고맙고 감사했다.

## 〈참고 1〉 지리산둘레길 구간별 거리, 시간, 도보여행일, 소요경비

| 구간 | 구역 | 거리 (Km) | 시간 (시:분) | 도보여행일 | 소요경비 (1인당) |
|---|---|---|---|---|---|
| 1 | 주천 – 운봉 | 14.7 | 6:00 | 2020. 06. 27 | 64,000 |
| 2 | 운봉 – 인월 | 9.9 | 4:30 | 2020. 06. 28 | 52,000 |
| 3 | 인월 – 금계 | 20.6 | 8:00 | 2020. 07. 04 | 61,000 |
| 4 | 금계 – 동강 | 12.7 | 5:00 | 2020. 07. 05 | 52,000 |
| 5 | 동강 – 수철 | 12.1 | 5:00 | 2020. 07. 12 | 42,000 |
| 6 | 수철 – 성심원 | 15.9 | 6:00 | 2020. 07. 12 | 45,000 |
| 7 | 성심원 – 운리 | 16.1 | 7:00 | 2020. 07. 18 | 32,000 |
| 8 | 운리 – 덕산 | 13.9 | 5:30 | 2020. 07. 18 | 47,000 |
| 9 | 덕산 – 위태 | 9.7 | 4:00 | 2020. 07. 19 | 50,000 |
| 10 | 위태 – 하동호 | 11.5 | 5:00 | 2020. 07. 25 | 58,000 |
| 11 | 하동호 – 삼화실 | 9.4 | 4:00 | 2020. 07. 26 | 52,000 |
| 12 | 삼화실 – 대축 | 16.7 | 7:00 | 2020. 07. 26 | 20,000 |
| 13 | 하동읍 – 서당 | 7.0 | 2:30 | 2020. 08. 02 | 30,000 |

| 14 | 대축 – 원부춘 | 11.5 | 6 : 30 | 2020. 08. 02 | 60,000 |
|----|-----------|------|--------|-------------|--------|
| 15 | 원부춘 – 가탄 | 11.4 | 7 : 00 | 2020. 08. 22 | 55,000 |
| 16 | 가탄 – 송정 | 10.6 | 6 : 00 | 2020. 08. 23 | 52,000 |
| 17 | 송정 – 오미 | 10.4 | 5 : 00 | 2020. 09. 06 | 40,000 |
| 18 | 오미 – 난동 | 18.9 | 7 : 00 | 2020. 09. 19 | 64,000 |
| 19 | 오미 – 방광 | 12.3 | 5 : 00 | 2020. 09. 19 | 40,000 |
| 20 | 방광 – 산동 | 13.0 | 5 : 00 | 2020. 09. 26 | 52,000 |
| 21 | 산동 – 주천 | 15.9 | 7 : 00 | 2020. 09. 20 | 34,000 |
| **계** | | 274.2 | 116 : 00 | 17일 | 1,002,000 |

## 〈참고 2〉 지리산둘레길 스탬프 찍는 곳

| 구간 | 구역 | 비고 |
|---|---|---|
| 1 | 주천 – 운봉 | 개미정지 |
| 2 | 운봉 – 인월 | 서림공원 |
| 3 | 인월 – 금계 | 장항마을 소나무당산 / 창원마을 당산 |
| 4 | 금계 – 동강 | 의중마을 당산나무 |
| 5 | 동강 – 수철 | 산청함양사건 추모공원 |
| 6 | 수철 – 성심원 | 선녀탕(강신등폭포) |
| 7 | 성심원 – 운리 | 운리마을 정자 |
| 8 | 운리 – 덕산 | 남명조식기념관 |
| 9 | 덕산 – 위태 | 중태안내소 |
| 10 | 위태 – 하동호 | 나본마을(하동호) |
| 11 | 하동호 – 삼화실 | 존티재 |
| 12 | 삼화실 – 대축 | 삼화실안내소 |
| 13 | 하동읍 – 서당 | 서당마을(갤러리주막) |
| 14 | 대축 – 원부춘 | 개서어나무 쉼터(입석마을) |
| 15 | 원부춘 – 가탄 | 하늘호수차밭(중촌마을) |
| 16 | 가탄 – 송정 | 길가슈퍼(가탄마을) / 목아재 |
| 17 | 송정 – 오미 | 오미마을 정자 |
| 18 | 오미 – 난동 | 용호정 |
| 19 | 오미 – 방광 | 방광마을 버스정류장 |
| 20 | 방광 – 산동 | 구릿재 |
| 21 | 산동 – 주천 | 밤재 |

## 〈참고 3〉 우리가 찾아간 음식점 및 숙소

| 구간 | 상호명 | 전화번호 | 주소 | 메뉴 |
|---|---|---|---|---|
| 주천 | 지리산 칡냉면 | (063)-626-2500 | 전북 남원시 주천면 정령치로 92 | 냉면 |
| 주천 | 정자나무쉼터 | 010-7656-1337 | 전북 남원시 주천면 덕치리 445 | 한식 |
| 인월 | 지리산기사님식당 | (063)-636-2329 | 전북 남원시 인월면 인월로 87-1 | 한식 |
| 인월 | 산골농장식당 | (063)-636-2701 | 전북 남원시 인월면 인월로 67 | 흑돼지 |
| 인월 | 흥부골 남원추어탕 | (063)-636-5686 | 전북 남원시 인월면 천왕봉로 62-8 | 추어탕 |
| 인월 | 해비치모텔 | (063)-636-3600 | 전북 남원시 인월면 천왕봉로 52 | |
| 산내 | 리송차이나 | (063)-625-9010 | 전북 남원시 산내면 대정리 SK주유소 맞은편 | 중화요리 |
| 마천 | 월산식육식당 | (055)-962-5025 | 경남 함양군 마천면 천왕봉로 1144-2 | 흑돼지 |
| 산청 | 춘산식당 | (055)-973-2804 | 경남 산청군 금서면 친환경로 2605번길 6-6 | 한식 |
| 함양 | 미성손맛 | 010-9962-1253 | 경남 함양군 함양읍 용평길 36 | 흑돼지 |
| 함양 | 엘도라도 모텔 | (055)-963-9449 | 경남 함양군 함양읍 한들로 151 | |
| 시천 | 이화원 | (055)-972-7766 | 경남 산청군 시천면 남명리 234번길 36 | 중화요리 |
| 시천 | 권수경 황칠천국 | (055)-974-5500 | 경남 산청군 시천면 남명로길 200번지 43 | 황칠오리 |
| 하동 | 형제식육식당 | (055)-883-0249 | 경남 하동군 하동읍 시장2길 15-10 | 흑돼지 |

| | | | | |
|---|---|---|---|---|
| 하동 | 마루솔 한정식 | (055)-884-3478 | 경남 하동군 하동읍 시장1길 26-8 | 한정식 |
| 하동 | 하동솔잎한우프라자 | (055)-884-1515 | 경남 하동군 고전면 하동읍성로 9 | 한우갈비 |
| 하동 | 테마모텔 | 010-9628-3076 | 경남 하동군 하동읍 향교1길 24 | |
| 악양 | 평사리국밥 | (055)-884-5854 | 경남 하동군 악양면 평사리길 8번지 | 한식 |
| 구례 | 주부가든 | (061)-782-6282 | 전남 구례군 마산면 화엄사로 213 | 한식 |
| 산동 | 장터목식당 | (061)-782-9680 | 전남 구례군 산동면 관산구산길1 104호 | 한식 |
| 산동 | 꿈의궁전모텔 | (061)-783-2602 | 전남 구례군 산동면 관산구산길15 | |

JIRISAN
DULLE-GIL TRAIL
ROUTE
————
21 routes
274.1km